MÜNCHENER GEOGRAPHISCHE ABHANDLUNGEN

in

MÜNCHENER UNIVERSITÄTSSCHRIFTEN
FAKULTÄT FÜR GEOWISSENSCHAFTEN

Münchener Universitätsschriften

Fakultät für Geowissenschaften

MÜNCHENER GEOGRAPHISCHE ABHANDLUNGEN

Geographisches Institut der Universität München

Herausgegeben

von

Professor Dr. H. G. Gierloff-Emden   Professor Dr. F. Wilhelm

Schriftleitung: Dr. St. v. Gnielinski

Band 17

HERBERT LOUIS

Abtragungshohlformen mit konvergierend-linearem Abflußsystem

Zur Theorie des fluvialen Abtragungsreliefs

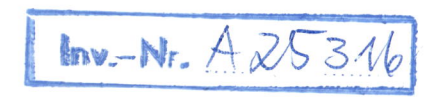

1975

Geographisches Institut der Universität München

Kommissionsverlag: Geographische Buchhandlung, München

Rechte vorbehalten

Ohne ausdrückliche Genehmigung der Herausgeber ist es nicht gestattet, das Werk oder Teile daraus nachzudrucken oder auf photomechanischem Wege zu vervielfältigen.

Ilmgaudruckerei 8068 Pfaffenhofen/Ilm, Postfach 86

Anfragen bezüglich Drucklegung von wissenschaftlichen Arbeiten, Tauschverkehr sind zu richten an die Herausgeber im Geographischen Institut der Universität München, 8 München 2, Luisenstraße 37.

Kommissionsverlag: Geographische Buchhandlung, München

ISBN 3920 397 762

Inhalt

	Seite
Zusammenfassung	7
Summary	9
Erläuterung der verwendeten Begriffe	12
Explanation of the applied terms	13
Figur 1 und Erläuterung	14
Explanation	15
1. Aufgabestellung	16
2. Abtragungshohlformen mit konvergierend-linearem Abflußsystem	18
3. Anfangsstränge (Rinnen, Runsen) und Sammelstränge des Abflusses (Bach- und Flußbetten)	19
4. Begleitgelände und Tributärböschungen bei Anfangssträngen und bei Sammelsträngen des Abflusses	20
5. Sonderstellung der Sammelstränge des Abflusses im Abtragungsgeschehen	23
6. Zur Abtragung auf den Tributärböschungen der Abfluß-Sammelstränge	24
7. Initiale und dominierende Linearerosion des fließenden Wassers	26
8. Zusammenspiel von flächenhafter und linienhafter Abtragung	28
9. Abtragungsflachrelief mit konvergierend-linearem Abflußsystem oder mit vagierenden Abflußbahnen	34
10. Volum-Vergleiche von Abtragungshohlformen mit linearem Abflußsystem in starkem und sehr flachem Relief	37
11. Anteil des Flußsystems an der Steuerung der Abtragung auch im Rumpfflächenrelief und an dessen Herausarbeitung	40
12. Hinweis auf alte Flußanlagen im Rumpfflächenrelief	42
Literatur	44

Zusammenfassung

Die *Abtragungshohlformen mit* (nach abwärts) *konvergierend-linearem Abflußsystem* besitzen gleichsinniges Gefälle und werden von einer Wasserscheide umrahmt. Solche Formen beherrschen das stärkste ebenso wie das mäßige, das geringe und das allerflachste fluviale Abtragungsrelief. Trotz solcher extrem großer Reliefunterschiede sind überall *Anfangsstränge des Abflusses* (Rinnen, Runsen) und *Sammelstränge des Abflusses* (Bäche und Flüsse bzw. ihre Betten) sowie *voll ausgebildete Tributärböschungen* beiderseits der Sammelstränge des Abflusses zu unterscheiden (siehe hierzu die Begriffserläuterungen und die Fig.).

Die Anfangsstränge des Abflusses besitzen nicht voll ausgebildete Tributärböschungen, höchstens Ansätze zu deren Bildung. Sie können als *Formen initialer fluvialer Linearerosion* bezeichnet werden. Die Anfangsstränge des Abflusses und die voll ausgebildeten Tributärböschungen der Sammelstränge dachen sich jeweils gemeinsam und ungefähr gleich stark gegen einen ihnen beiden zugehörigen Sammelstrang des Abflusses hin ab, und zwar beide mit einem mehrmals größeren Gefälle als dem betreffenden Sammelstrang selbst eigen ist. Auch dies gilt im steilsten, im mäßigen ebenso wie im allerflachsten Relief. Nur die absoluten Werte der jeweils beteiligten Gefällswinkel sind von Fall zu Fall verschieden, zum Teil außerordentlich verschieden.

Aus den so gekennzeichneten allgemeinen Gefällsverhältnissen der Abtragungshohlformen mit konvergierend-linearem Abfluß sind wichtige Folgerungen herzuleiten: Die Sammelstränge des Abflusses besitzen stets eine Sonderstellung im Abtragungsgeschehen. Sie sind überall spezifische örtliche Denudationsbasis des zugehörigen Einzugsgebiets. Das Abtragungsmaterial wird in Abtragungshohlformen mit konvergierend-linearem Abflußsystem nach seiner Bewegung über die Tributärböschungen der Bäche und Flüsse oder in den Initialfurchen der linearen Fluvialerosion immer über Sammelstränge des Abflusses weitergefrachtet. Außerdem ist dieser Transport in den Sammelsträngen des Abflusses, das heißt, den Bächen und Flüssen, bei geringeren Gefällswerten, also reibungsärmer und auf tieferem Niveau möglich als auf den nach aufwärts anschließenden Tributärböschungen bzw. in den vorher durchmessenen Rinnen und Runsen. Aus diesen Gegebenheiten resultiert eine Vorausarbeit und damit ein Steuerungseffekt, den die Sammelstränge des Abflusses (die Bäche und Flüsse) beim Gesamtvollzug der Abtragung in Abtragungshohlformen mit konvergierend-linearem Abflußsystem stets ausüben, das heißt solange nicht definitive Ablagerung einsetzt. Die Sammelstränge des Abflusses können, weil sie nicht nur lineare Zuflüsse aufnehmen, sondern weil sie außerdem von voll entwickelten Tributärböschungen begleitet werden, als Erscheinungen *dominierender Linearerosion des fließenden Wassers* bezeichnet werden.

Überall herrscht bei der Bildung von Abtragungshohlformen mit konvergierend-linearem Abflußsystem ein Zusammenspiel zwischen flächenhafter und initial-linienhafter Abtragung einerseits und von dominierend-linienhafter Abtragung andererseits. Hierbei kann sowohl die flächenhafte und initial-linienhafte wie die dominierend-linienhafte Abtragung den Minimumfaktor des Zusammenspiels darstellen. Aber die verschiedenen Komponenten können auch ziemlich ausgeglichen sein.

Die intakten Rumpfflächen der wechselfeucht-humiden Tropen werden von sehr flachen Abtragungshohlformen mit konvergierend-linearem Abflußsystem beherrscht. Sie sind über intensiv verwittertem Untergrund ausgebildet. Diese Intensivverwitterung kann sehr tiefgründig sein. Sie ist es aber oft nicht. Im semiarid-ariden Bereich entstehen dagegen Abtragungsverebnungen, die in erheblichem Umfang aus flach kegelförmigen Teilstücken zusammengesetzt sind. Sie schneiden meist über wenig verwitterten Gesteinsuntergrund hinweg, oder sie tragen eine dünne Decke von wenig abgerollter Fließwasserfracht. Diese Verebnungsflächen sind offensichtlich zum großen Teil durch *vagierende Abflußstränge* geschaffen worden.

Vielfach gibt es Kombinationen oder Überlagerungen beider Typen des Reliefs flacher Abtragungsoberflächen. Sie sind wahrscheinlich die Folge von lang anhaltenden Klimaänderungen. Doch es besteht sicherlich eine grundsätzliche Verschiedenheit dieser beiden klimatischen Typen der Bildung von Abtragungs-Flachreliefs.

Volum-Vergleiche von Abtragungshohlformen mit konvergierend-linearem Abflußsystem in kräftigem und in äußerst flachem Relief zeigen, daß die letztgenannten keineswegs volum-kleiner sind. Diese sehr flachen Hohlformen sollten daher gleichfalls als bedeutende Abtragungshohlformen gewürdigt werden.

Des weiteren kann gezeigt werden, daß die Flüsse einen spezifischen Anteil an der Steuerung der Abtragung auch im intakten Rumpfflächenrelief haben. Sie bewirken unter anderem, daß die Abtragung dort im einzelnen sogar weitgehend entgegen der allgemeinen Abdachung der betreffenden Rumpffläche fortschreitet. Auf diese Weise sind die Flüsse an der Schaffung von intakten Rumpfflächen stets sehr maßgebend unmittelbar mitbeteiligt.

Endlich wird dargelegt, daß aus der großen Länge vieler Flüsse in Rumpfflächen der Tropen, die auf altkristallinem Gesteinsuntergrund entwickelt sind, und aus der Größe ihrer Einzugsgebiete auf ein sehr hohes Alter der Anlage dieser Flüsse zu schließen ist. Vieles spricht dafür, daß solche Flüsse zum Teil älter sind als die dortige Rumpfflächenbildung. An dieser müssen jene Flüsse dann in Anpassung an die Besonderheiten des Abtragungsmechanismus, welcher bei der Rumpfflächenbildung herrscht, teilgenommen haben, und zwar indem sie zugleich steuernd mit auf dessen Ablauf einwirkten.

Aus allem ergeben sich trotz der fraglos sehr großen speziellen Unterschiede der zusammenwirkenden Faktoren weitreichende *generelle Gemeinsamkeiten des Bildungsmechanismus* bei allen Abtragungshohlformen mit konvergierend-linearem Abflußsystem in starkem und mittlerem ebenso wie in extrem flachem Relief. Das haben bereits A. Penck und A. Philippson bei ihrer Erläuterung der Formenkategorie der Täler im Prinzip richtig gesehen. Nur ist zu berücksichtigen, daß sie mit Linearerosion der Flüsse lediglich die „dominierende Linearerosion des fließenden Wassers" in unserem Sinne gemeint haben. Die Initialerscheinungen der fluvialen Linearerosion, die trotz ihrer linienhaften Gestalt in ihren Wirkungen der flächenhaften Abtragung zuzurechnen sind, haben sie nicht eigens von jener abgetrennt. Das ist erst im Hinblick auf neuere theoretische Äußerungen und Modellvorschläge notwendig geworden.

Es wird weiter dargelegt, worin die Schwierigkeiten bestehen, innerhalb der Gesamtheit der Abtragungshohlformen mit konvergierend-linearem Abflußsystem eine Einengung des Talbegriffs auf lediglich die mit kräftig geneigten Flanken ausgestatteten Formen oder auf einen anderen Teilbereich dieser Gesamtheit vorzunehmen. Eindeutige Formenmerkmale, auf Grund deren die Eingliederung einer bestimmten Form in oder ihre Ausgliederung aus einem so verengten Talbegriff immer bzw. ohne Zuhilfenahme anfechtbarer Hypothesen möglich wäre, sind bislang nicht stichhaltig begründet worden.

Der Verfasser ist daher der Meinung, daß es zweckmäßig wäre, den alten, weitgefaßten Begriff Tal, welcher mit dem der Abtragungshohlformen mit konvergierend-linearem Abflußsystem identisch ist, beizubehalten. Denn erstens kann man hier an einfachen Merkmalen leicht feststellen, welche Formen ihm zugehören und welche außerhalb bleiben. Zweitens ist für diese, durch grundlegende genetische Gemeinsamkeiten gekennzeichnete Formenkategorie auf jeden Fall eine zusammenfassende und möglichst einfache Benennung nötig. Drittens können die mannigfachen Spezialtypen der Abtragungshohlformen mit konvergierend-linearem Abflußsystem mit Hilfe eines kurzen Zusatzes leicht als Unterarten der umfassenden Formenkategorie „Tal" gekennzeichnet werden, so zum Beispiel als Kerbtal, Kastental, Muldental, Flachtal usw. Wenn mancher hierbei sprachlich daran Anstoß nimmt, daß in der wechselfeucht-humiden Flächenbildungszone der Warmklimate „Flach*täler* der Rumpfflächen" die am meisten verbreiteten Oberflächenformen sind, so scheint uns gerade dies für ein richtiges Verständnis sowohl der Rumpfflächen wie des Begriffs „Tal" förderlich zu sein.

Summary

Concave erosional landforms with (downwards) converging linear drainage have continuous slopes and they are bounded by a watershed. Such forms are dominating the strongest fluvial erosional reliefs as well as the moderate, smooth and faintest ones. In spite of such extremely great differences of the intensity of relief it is always possible to distinguish *initial branches of linear drainage* (channels, gullies) and *collecting streams* (or beds of such streams). Moreover there exist fully developed *tributary slopes* on both sides of the collecting streams and these inclines prevailingly slope towards the appropriate collecting stream. (For further information look at the explanation of the applied terms and at the figure.)

The initial branches of linear drainage do not have fully developed tributary slopes, at most they show but a slight beginning of such a formation. The initial branches of linear drainage may be characterized as *landforms of initial linear erosion of running water*.

Initial branches of linear drainage and neighbouring fully developed tributary slopes of a collecting stream slant towards even this collecting stream and that at nearly the same angle of inclination.
However this inclination is always several times larger than the downward slope of the collecting stream in question. This rule is valid for the strongest relief of fluvial erosion as well as for moderate and in extremely faint landforms. Only the absolute values of the slope angles differ from case to case, sometimes considerably.

From the general characteristics mentioned above concerning corresponding slopes in concave erosional landforms with converging linear drainage important conclusions may be derived: The collecting streams of linear drainage always have a singular position in the proceeding of general erosion. In each case they represent the specific local base of erosion of the catchment area situated above. After being moved over tributary slopes of the collecting streams or by initial branches of linear drainage all transported materials in concave erosional landforms with converging linear drainage will finally be carried farther by the appropriate collecting streams. Moreover this transportation by collecting streams is always possible at minor degrees of slope, i. e. with minor friction and at a lower level than farther above on the tributary slopes or in channels or gullies of the initial linear erosion. From these facts it must be concluded that in concave erosional landforms of converging fluvial drainage, as long as definitive accumulation is absent, all collecting streams in the signification given above practise some working in advance and therefore some steering effect in the general process of erosion. Moreover do these collecting streams not only collect linear tributaries or sub-tributaries, but they are also accompanied by fully developed tributary slopes. So these collecting streams can be characterized as *phenomena of dominating linear erosion of running water*.

In the formation of concave erosional landforms with converging linear drainage there always exists co-operation between areal erosion (areal degradation) and initial fluvial erosion on the one hand and of dominating linear erosion of running water on the other. In this co-operation areal erosion and initial linear erosion can represent the minimum factors as well as dominating linear erosion, but the components may also be rather balanced.

Intact peneplains of the savanna climate (Klima der wechselfeuchten Tropen) are dominated by very flat concave erosional landforms with converging linear drainage. They cover areas of intensely weathered underground. This intense weathering may reach to large depths, but often it does not. In regions of semiarid or arid climate however, flat erosional surfaces are usually composed of parts of flat conical shape which generally consist of bare rock or are covered with thin layers of little worn detritus. Obviously these surfaces will be chiefly the result of lateral erosion of *shifting streams*.

In many cases there may exist a combination or superposition of the two mentioned types of flat erosional relief. Such combinations are probably the result of long lasting changes of climate. But a fundamental difference between these two climatic types of developing flat erosional surfaces will surely exist.

If we compare the volumes of concave erosional landforms with converging linear drainage some of which are taken from regions with rather strong relief while the others belong to regions of very faint relief, it becomes obvious that the volumes of the latter ones are not at all smaller than those of the former ones. Therefore these very flat concave forms should also be appreciated as important concave erosional landforms.

Moreover it can be shown that rivers participate specifically in steering the process of erosion even in peneplains with converging linear drainage. They largely cause the progress of such erosion to continue, even contrary to the general slope of the peneplain concerned. In this way rivers are highly important for the development of an intact peneplain.

Finally it is demonstrated that the long extent of many rivers in peneplains on basement rock areas and the large extent of their catchment basins indicate the establishment of such rivers at a very early time. It must be considered that some of these rivers are probably older than the formation of the peneplain in which they run. In such a case those rivers must have adapted to the peculiarities of peneplanation. They must have participated in the formation of the peneplain and in the steering of this formation.

According to these arguments the same general characteristics exist in the development mechanism of all concave erosional landforms with converging linear drainage and that in strong, in moderate and in extremely faint relief. This has in principle already been seen correctly by A. Penck and A. Philippson in their explanations on the geomorphologic category of ,,valleys". Only it must be considered that by the term of linear erosion of the rivers they meant merely what we call here the dominant linear erosion of running water. They did not specify the initial linear erosion of running water which is working as a kind of areal erosion. This distinction has become necessary only in our days.

Furthermore the difficulties are explained to define the term of ,,valley" solely to such kinds of concave erosional landforms with converging linear drainage which have strongly or moderately sloping valley-sides or by other criteria. In any case no exactly defined features or incontestable conceptions for placing a concave erosional landform with converging linear drainage either into a narrowed term of ,,valley" or to leave it outside, have been given untill now.

Therefore the author thinks that it is suitable to retain the old large term of ,,valley" which is identical with ,,concave erosional landform with converging linear drainage". For firstly it is easy to decide by simple marks whether a landform is belonging to or staying outside of this term. Secondly a common term for even this large category of landforms is necessary in any case. Thirdly the many special types of concave erosional landforms with converging linear drainage can easily be marked as subcategories of the chief category of ,,valley", if we distinguish for instance V-shaped, incised, encased, wide open, flat floored valleys and so on.

May be that someone will wonder that intact peneplains of tropical regions with changing wet and dry seasons then will be essentially characterized by very flat valleys being the predominant landforms. But even this will be usefull to enlarge the understanding of the nature of both, of peneplains as well as of valleys or of concave erosional landforms with converging linear drainage.

Erläuterung der verwendeten Begriffe

Tiefenlinie: Unter einer Tiefenlinie wird jeweils eine Kurve verstanden, die die Extrempunkte der konkaven Krümmungen aller derjenigen Höhenlinien (Linien gleicher Höhe) miteinander verbindet, welche die gleiche Hohlform des Geländes durchlaufen.

Fall-Linie: Fall-Linien sind im Gelände überall die Normalen zu den Höhenlinien.

Begleitgelände: Das Begleitgelände einer Tiefenlinie ist im Bereich der Abtragungshohlformen mit konvergierend-linearem Abflußsystem das Gelände bis zur beiderseitigen Wasserscheide. Wenn keine deutliche Wasserscheide vorhanden ist, dann ist es das Gelände bis ungefähr zur Mitte des Abstands zu den beiderseits benachbarten und ungefähr parallel laufenden Tiefenlinien.

Tributärböschung: Tributärböschung einer Tiefenlinie ist ein solcher Teil ihres Begleitgeländes, dessen Fall-Linien nach abwärts an Menge überwiegend und der Richtung nach am stärksten auf eben diese Tiefenlinie zulaufen. Das heißt, diese Fall-Linien (genauer ihre Projektion auf die Horizontale) treffen zum mindesten in ihrem untersten Teil mit einem Azimutwinkel von mehr als 45 Altgrad (50 Neugrad) auf die Abwärtsrichtung der Tiefenlinie.

Voll ausgebildete (voll entwickelte) Tributärböschung: Tributärböschungen sind dann voll ausgebildet, voll entwickelt, wenn sie das gesamte Begleitgelände der betreffenden Tiefenlinie einnehmen. Das Begleitgelände und die Einmündungswinkel von untergeordneten Tiefenlinien, die der betrachteten Tiefenlinie tributär sind, bleiben hierbei außer Betracht.

Anfangsstränge des Abflusses: Sie besitzen *keine voll entwickelten* Tributärböschungen. Dabei bestehen zwei Möglichkeiten. Entweder die Tiefenlinien von Anfangssträngen des Abflusses sind so gering eingetieft, daß die sie querenden Höhenlinien am Querungspunkt (nach abwärts geöffnete) stumpfe Winkel aufweisen. In diesem Falle sind die Fall-Linien mindestens auf der einen Seite des Begleitgeländes einer solchen Tiefenlinie stärker gegen die größere Tiefenlinie hin gerichtet, in die die Tiefenlinie des Anfangsstrangs des Abflusses ausmündet.

... Die andere Möglichkeit nicht voll entwickelter Tributärböschungen ist dann gegeben, wenn zwischen zwei Tiefenlinien, die sogar steilflankig eingeschnitten sein können, Begleitgelände vorhanden ist, dessen Fall-Linien (genauer ihre Projektion auf die Horizontale) nach abwärts am stärksten (d. h. mit Horizontalwinkeln von mehr als 45 Altgrad (50 Neugrad) *nicht* gegen eine der beiden genannten Tiefenlinien sondern gegen diejenige Tiefenlinie gerichtet ist, in die die beiden vorher genannten Tiefenlinien ihrerseits einmünden. Auch die so gekennzeichneten Tiefenlinien sind, weil das zwischen ihnen gelegene Gelände nur teilweise aus ihnen zugehörigen Tributärböschungen besteht, nur Anfangsstränge des Abflusses.

Sammelstränge des Abflusses werden von *voll entwickelten* Tributärböschungen begleitet. Das heißt, die generalisiert gedachten Höhenlinien des beiderseitigen Begleitgeländes, nämlich wenn man die Höhenlinien unter Weglassung aller Ausbuchtungen, die durch seitlich einmündende Tiefenlinien hervorgerufen werden, geglättet denkt, laufen in Richtung auf das höhere Gelände unter spitzem Winkel zusammen. Dies bedeutet, daß bei Außerachtlassung tributärer Tiefenlinien und des diesen zugehörigen Begleitgeländes die Fall-Linien des Begleitgeländes des betrachteten Sammelstranges des Abflusses auf beiden Seiten mit Horizontalwinkeln von mehr als 45 Altgrad (50 Neugrad) auf die Tiefenlinie des Sammelstrangs des Abflusses zulaufen, also überwiegend gegen diese hin geneigt sind.

Explanation of the applied terms

Bottom line (Tiefenlinie): By the term of bottom line we understand a curve which connects the extreme points of concavity of all those contour lines which run through the same concave landform.

Fall-line (Fall-Linie): Fall-lines of an area are always the curves normal to the contour lines.

Accompaning area (Begleitgelände): The accompaning area of a bottom line in regions of concave erosional landforms with converging linear drainage system is the area reaching from this bottom line upwards to the bounding watershed. Where there is no clear watershed, the accompaning area is taken to about the middle of the distance to the neighbouring bottom line which is running in about the same direction.

Tributary slope (Tributärböschung): Tributary slope of a bottom line is such a part of its accompaning area where the fall-lines are in quantity and in direction prevailingly running towards the bottom line in question. I. e. these fall-lines (more exactly their projections to horizontality) run at least in their lowest part towards the bottom line in question with an angle of azimuth of more than 45 old degrees (50 new degrees).

Fully developed tributary slopes (voll ausgebildete, voll entwickelte Tributärböschung): Tributary slopes are fully developed, if they cover the entire accompaning area of the bottom line in question. Accompaning areas of bottom lines tributary to the former and the angles of azimuth of their issues to the respective bottom line do not matter in this consideration.

Initial branches of linear drainage (Anfangsstränge des Abflusses): They are *not supplied with fully developed tributary slopes.* Here two possibilities exist: Bottom lines of initial branches of linear drainage may model their accompaning areas so little that the contour lines which cross these bottom lines show at their crossing points obtuse angles opened downwards. In this case the fall lines are at least on one side of such an accompaning area prevailingly directed towards that bottom line to which the bottom line of the initial branch of linear drainage is issuing and not to the initial branch itself.

The other possibility of bottom lines which are not supplied with fully developed tributary slopes is given where there exist between two neighbouring bottom lines parts of an accompaning area the fall lines of which run down with a prevailing direction (of more than 45 old degrees or 50 new degrees of their projections on horizontality) towards a bottom line to which both of the two bottom lines mentioned above are issuing. These bottom lines for themselves may even be incised with steep sides. The bottom lines thus characterized also are only initial branches of linear drainage because the accompaning areas of these bottom lines are only in parts tributary slopes of these lines.

Collecting streams of linear drainage (Sammelstränge des Abflusses): They are accompanied by *fully developed tributary slopes*. I. e. if we imagine the contour lines of the accompaning area on both sides of such streams to be smoothed (generalized) by omitting all bends of the contour lines which may be caused by the issuing of tributary bottom lines to the collecting stream in question, then these smoothed contour lines of both sides of such streams converge upstream with acute angles towards one another. This means that the fall lines of the accompaning area of a collecting stream of drainage (exactly the projections on horozontality of these lines) run down towards the collecting stream in question with angles of azimuth of more than 45 old degrees (50) new degrees). I. e. this accompaning area is prevailingly inclined towards the respective collecting stream.

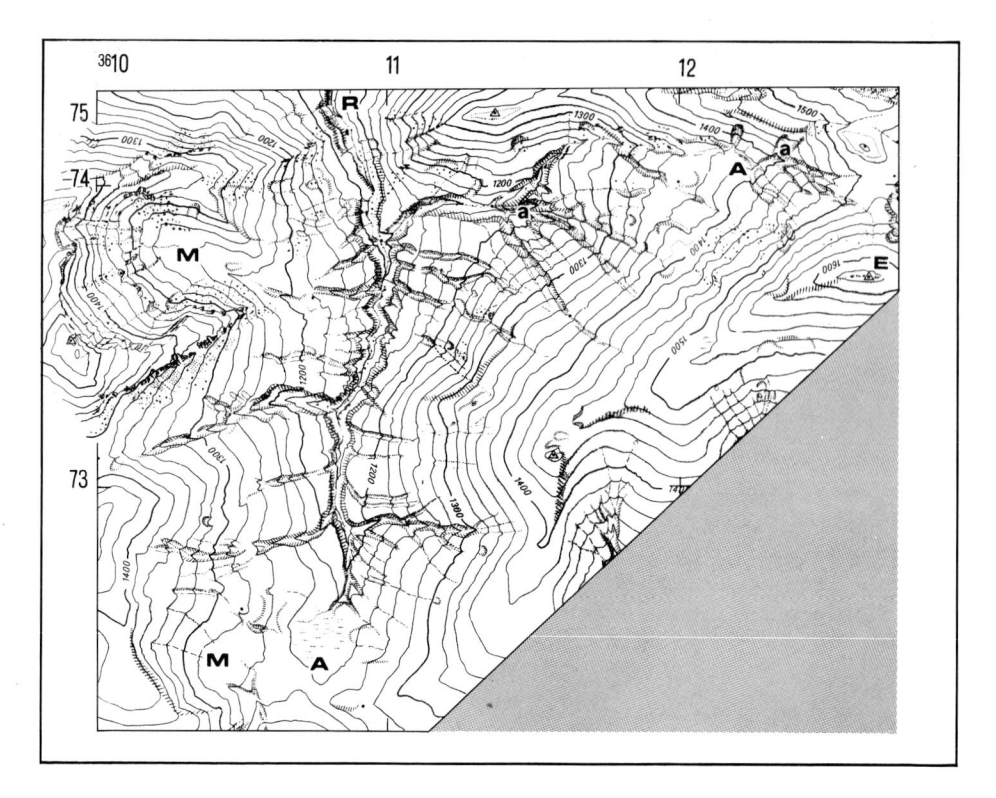

Fig. 1 Zur Verdeutlichung des Unterschiedes zwischen Anfangssträngen und Sammelsträngen des Abflusses.
Oberes Reichenbachtal (R) westlich vom Edelsberg (E) bei Nesselwang, Allgäu, Bayern. Maßstab 1 : 25 000, Höhenlinien von 20 zu 20 m.

Die beiden Talflanken des Reichenbaches sind dessen vollständig entwickelte Tributärböschungen. Diese werden von Hangrunsen (Anfangssträngen des Abflusses) merklich zerschnitten. Die dabei entstandenen Einschnittsböschungen sind erst Ansätze zu einer Bildung eigener Tributärböschungen der betreffenden Gerinne, das heißt, zu deren später möglicher Ausweitung zu Sammelsträngen des Abflusses. Doch bislang sind zwischen den einzelnen Hangrunsen noch breite unmittelbar zum Reichenbach abgedachte, also diesem zugehörige Tributärböschungen vorhanden. Nur der nördlichste rechte Nebenbach des Reichenbachs im vorliegenden Kartenausschnitt ist bereits selbst ein Sammelstrang des Abflusses.

Die Stellen, an denen die beiden genannten Täler anfangen, Sammelstränge des Abflusses mit zweifellos voll entwickelten Tributärböschungen zu sein, sind durch ein A gekennzeichnet. Mit a sind Stellen angegeben, an denen der Zustand von Sammelsträngen des Abflusses möglicherweise bereits erreicht ist, wo aber das Kartenbild allein zur Entscheidung nicht ausreicht.

Mit M sind am linken Hang des Reichenbachtales zwei muldenartige Hangnischen bezeichnet, die nicht durch Fließwasserabtragung ausgearbeitet wurden, und die daher abweichende Formeigentümlichkeiten aufweisen. Die nördliche von ihnen ist ein gut ausgebildetes Kar, die südliche eine Nivationsnische.

Zur Veranschaulichung der Unterschiede zwischen Anfangssträngen und Sammelsträngen des Abflusses reichen die Angaben topographischer Spezialkarten im Flachrelief intakter tropischer Rumpfflächen im allgemeinen nicht aus. Doch hilft dort die folgende Überlegung: Die Rampenhänge, die sich in intakten tropischen Rumpfflächen zu den größeren Entwässerungsadern hin abdachen, haben meist zwischen 10 ‰ und 50 ‰ (1/2 bis 3°) Gefälle. Diese Rampenhänge sind hier und da von Rinnen gefurcht. Doch solche Rinnen pflegen höchstens in größeren Abständen voneinander, zum Beispiel von hunderten von Metern, aufzutreten und die Tiefe solcher Rinnen geht gewöhnlich nicht über wenige Dezimeter hinaus. So seichte Furchen können, wie leicht zu errechnen ist, in flachem Gelände selbst auf nur 50 m Seitenabstand kaum noch ein überwiegend zu ihnen hin gerichtetes Gefälle erzeugen. Die Rampenhänge sind daher in der Regel voll entwickelte Tributärböschungen eben jener größeren Gerinne, die an ihrem unteren Ende als Sammelstränge des linearen Abflusses entlanglaufen. Hierbei haben die Rampenhänge immer noch ein mehrmals größeres Gefälle als die Gerinne selbst, zu denen hin sie sich abdachen. Die beschriebenen Furchen der Rampenhänge aber sind lediglich Anfangsstränge des linearen Abflusses.

Fig. 1 Explanation of the difference between initial branches of linear drainage and collecting streams.
Upper valley of the Reichenbach (R), west of the Edelsberg (E) near Nesselwang, Allgäu, Bavaria.

Both sides of the Reichenbach valley are well developed tributary slopes. They are noticeably furrowed by gullies (initial branches of linear drainage). The sides of these gullies represent but the beginning of a formation of tributary slopes appropriate of those gullies, i. e. they indicate the possibility that the latter may later enlarge to collecting streams. But so far large slopes still exist between these gullies which are immediately directed towards the Reichenbach. Only the northernmost righthand tributary stream of the Reichenbach which is shown on the section of the map is clearly a collecting stream by itself.

The spots, where the two valleys mentioned begin to be collecting streams with doubtlessly fully developed tributary slopes are marked by an A. An ,,a" stands for the spots where the features of collecting streams may already be reached, but where the data of the map are not sufficient to decide this surely. Two niches on the upper lefthand valleyside of the Reichenbach were marked with M. They have not been shaped by fluvial erosion and therefore represent special valleyside forms. The northern one is a glacial cirque, the southern one is a niche of nivation.

On the faint relief of intact tropical peneplains the data even of special topographic maps are not sufficient to represent incontestably the differences between initial branches of linear drainage and collecting streams. But here the following consideration can help. The flat ramps which on intact tropical peneplains slope towards the larger branches of linear drainage have an inclination of generally between 10 ‰ and 50 ‰ (about 1/2 to 3 degrees). These ramps are here and there furrowed but mostly at large distances of for instance hundreds of meters from one another by shallow gullies. The depths of these gullies ordinarily do not exceed some decimeters. As can easily be calculated such gullies cannot on areas of this inclination produce slopes which are prevailingly inclined towards the gullies to distances of more than about 50 meters from such a gully. By this reason these peneplain-ramps are as a rule fully developed tributary slopes of those branches of linear drainage which run along the lower end of these ramps and which so are collecting streams. Moreover the sloping of these ramps is always several times larger than that of the respective collecting streams. The described gullies of the ramps are only initial branches of the linear drainage.

1. Aufgabestellung

In letzter Zeit ist über den Begriff „Tal" als Ergebnis des Zusammenwirkens von fluvialer Linearerosion und flächenhafter Abtragung, über den seit A. Penck (1894, Bd. II, S. 58, 59, 85) und spätestens seit A. Philippson (1924, II. Bd., 2. Hälfte, S. 143) das Grundsätzliche gesagt zu sein schien, vor allem im Zuge von Studien über den Formenschatz der Tropen erneut diskutiert worden. Besonders J. Büdel kann als hervorragender Vertreter der Auffassung gelten, daß der fluviale Abtragungsmechanismus in den tropischen Rumpfflächengebieten ein wesentlich anderer sei als in den mittleren und höheren Breiten, und daß man deswegen dort nicht von Talbildung sprechen könne.

Nun wird kein Kenner intakter Flachreliefs der Tropen daran zweifeln, daß die speziellen Abtragungsmechanismen dort von den in den Außertropen gewohnten sehr verschieden sind. Doch es ist wohl zu fragen, ob diese Unterschiede ausreichen, um die Formen, die durch dieses Zusammenspiel der Abtragung entstehen, aus dem Formenkreis der Täler auszuscheiden. Man muß immerhin bedenken, daß es in klimatisch verschiedenen Teilen der Außertropen und sogar auch der Tropen selbst nicht nur einen, sondern eine ganze Reihe sehr unterschiedlicher Abtragungsmechanismen spezieller Art gibt, ohne daß außer im Bereich der tropischen Rumpfflächen bisher für einen von ihnen an der Talnatur der entstandenen Formen gezweifelt wurde.

Äußerst verschiedene Arten der flächenhaften Abtragung sind jedenfalls zum Beispiel die Gelisolifluktion, das nicht frostbedingte Bodenfließen bis hin zu seiner subsilvinen Ausbildung, der langsame Bodenversatz aus verschiedenen Ursachen und die oberflächliche Bodenabspülung. Sehr verschiedene Arten der Linearerosion sind zum Beispiel jene, die wesentlich mit Hilfe von Büdels Eisrindeneffekt und der Korrasion durch Grobgeröll arbeitet, jene die ihre Leistungen ohne Eisrindeneffekt, aber mit Geröllkorrasion hervorbringt, endlich auch jene, die in den feuchten Tropen fast ausschließlich durch das Ausspülen von feinkörnigen Zersatzmassen zustande kommt.

Alle diese Vorgänge können in verschiedener Kombination Abtragung in einem Landbereich hervorrufen. Der generelle Abtragungsmechanismus besteht hierbei dennoch immer darin, daß ein oder mehrere Arten flächenhafter Abtragung, zu denen auch, wie noch zu zeigen sein wird (Abschnitt 7), die Wirkungen initialer Linearerosion des fließenden Wassers hinzuzurechnen sind, mit dominierender Linearerosion des fließenden Wassers zusammenarbeiten. Hierbei wird von uns eine Erosionsfurche des fließenden Wassers dann als *dominierend* bezeichnet, wenn diese Furche von Böschungen begleitet wird, welche sich richtungsmäßig hauptsächlich zu ihr hin abdachen, das heißt, wenn das Begleitgelände der Erosionsfurche mit seinen Fall-Linien dieser Furche unmittelbar *tributär* ist. Die durch solches Zusammenwirken entstehenden Formen haben jene alten Autoren, die mit zu den Begründern der wissenschaftlichen Geomorphologie gehören, als die Formenmannigfaltigkeit der Täler definiert. Das Zusammenwirken von Linearerosion und flächenhafter Abtragung haben sie als den in allen Klimaten, in denen es Flüsse gibt, wirksamen und für die Talbildung entscheidenden generellen Abtragungsmechanismus angesehen. Das wird nach wie vor nicht nur vom Verfasser festgehalten (siehe z. B. auch O. Fränzle, 1968, S. 1183–1189).

Wenn nun von einigen vorgeschlagen wird, die Formen, die aus einer einzigen der möglichen Kombinationen von Linearerosion und flächenhafter Abtragung entstehen, nämlich aus der Kombination von langsam in die Tiefe arbeitender linearer Spülerosion bei gleichzeitig feinkörniger Fracht in den Flüssen einerseits mit kräftiger flächenhafter Abspülung von Feinmassen im Bereich zwischen den Flußläufen andererseits, aus dem Formenschatz der Täler auszuscheiden, so muß dies wohl genau überlegt werden. Es kann nämlich keineswegs alles, was Vertreter der gedachten Verengung des Talbegriffs vorgebracht haben, genauerer Überprüfung standhalten. Außerdem läßt sich erheblich mehr über die gemeinsamen Eigenschaften aller jener Hohlformen sagen, die nach der alten umfassenden Definition der Talbildung Täler sind, als in den bisherigen Erörterungen des einschlägigen Fragenkreises enthalten ist.

Jedenfalls dürfte eine weitergehende Klärung der zugehörigen Sachverhalte notwendig sein, wenn die Gefahr von Mißverständnissen und auch von unbegründeten Schlußfolgerungen vermieden werden soll.

Um nicht von vornherein Verständigungsschwierigkeiten durch von verschiedenen Autoren unterschiedlich interpretierte Begriffe herauszufordern, wird hier von einer bisher nicht gebräuchlichen, aber wohl leicht verständlichen Formenkategorie ausgegangen, von den „Abtragungshohlformen mit konvergierend-linearem Abflußsystem".[1] Dieser Begriff will möglichst weitgehend nur wirklich Feststellbares beschreibend zusammenfassen. Näher besehen, ist schon mit dem Hinweis auf Abtragung Wesentliches zur Entstehungsweise ausgesagt. Denn die genannten Formen liegen und die Vorgänge spielen im *Schwerefeld der Erde* und damit in einem Milieu, in welchem keine Massenverlagerung ohne *Reibung* möglich ist. Die Bildung von Oberflächenformen muß also über alle örtlichen Sonderbedingungen hinaus den hierdurch gesetzten allgemeinen Bedingungen genügen. Das ist in den älteren Erörterungen zum Teil nicht ausreichend berücksichtigt. Eine Aufhellung dieser Sachlage erscheint aber unerläßlich, wenn die Grundbegriffe der Geomorphologie wirklichkeitsnahe, folgerichtig und widerspruchsfrei bleiben bzw. werden sollen. Die auf möglichst wenige und zugleich überschaubare Voraussetzungen unter Vermeidung von strittigen Begriffen gegründete Darstellung kann Umständlichkeit nicht vermeiden. Das muß aber wohl um des Zieles willen in Kauf genommen werden.

---

[1] Mit Absicht wird nicht von „fluvialen Abtragungshohlformen" gesprochen. Denn abgesehen von engsten Klammen gibt es wohl überhaupt keine ausschließlich fluvial geschaffenen Abtragungshohlformen an der Erdoberfläche.

2. Abtragungshohlformen mit konvergierend-linearem Abflußsystem

Abtragungshohlformen mit konvergierend-linearem Abflußsystem sind Hohlformen, die erstens erkennbar durch Wegführung von Material entstanden sein müssen, welches sich vorher innerhalb ihres Raumes befunden hat. Sie sind zweitens durch eine Wasserscheide in der Regel recht genau umgrenzt. Drittens beginnen in ihnen an der Wasserscheide selbst oder öfter in einigem Abstand von dieser und zwar meistens an mehreren oder vielen Stellen deutlich ausgeprägte Tiefenlinien mit Gefälle gegen den inneren Bereich der Hohlform. Wo zwei oder mehr Anfänge von Tiefenlinien zusammentreffen, da konvergieren gelegentliche oder ausdauernde Fließmassen, die diesen Anfängen von Tiefenlinien folgen, und setzen alsdann ihren Abfluß gemeinsam in der vereinigt weiterführenden Tiefenlinie fort. Man kann daher, zunächst lediglich beschreibend von *Anfangssträngen des Abflusses* [1] oberhalb der ersten bedeutenderen Zusammenflußstelle sprechen, oder auch mit gleicher Bedeutung von Rinnen oder Runsen. Unterhalb dieser Zusammenflußstelle folgen *Sammelstränge bzw. Sammelbahnen des Abflusses* [2] (Bach- oder Flußbetten [2], Flußläufe) ohne Rücksicht darauf, ob sie groß oder klein sind und dauernd oder nur zeitweise Wasser führen. An den Sammelsträngen des Abflusses folgen auf die erste größere Zusammenflußstelle, die gewöhnlich das Kopfende bezeichnet, meist viele weitere.

Um Abtragungshohlformen mit konvergierend-linearem Abflußsystem handelt es sich so lange, wie dieses Sich-Vereinigen von Sammelsträngen des Abflusses bis zum unteren Ende des Abtragungsbereichs, bzw. bis zum Beginn des Bereichs definitiver fluvialer Aufschüttung unausgesetzt weitergeht. Das ist, von Karstgebieten abgesehen, in den humiden und semihumiden Klimaten die Regel.

Wenn, wie es in ariden oder semiariden Gebieten oft der Fall ist, Sammelstränge des Abflusses nach abwärts auf Abtragungsoberflächen mit divergierenden oder mit vagierenden, jedenfalls nicht mit konvergierenden Entwässerungsbahnen übertreten, dann besitzt ein solches Relief von dort an abwärts nicht mehr die Eigenschaften von Abtragungshohlformen mit konvergierend-linearem Abflußsystem. Darauf und auf die geomorphologischen Konsequenzen dieses Sachverhalts wird später zurückzukommen sein. (Abschnitt 9).

---

[1] Es kann nur versuchsweise angegeben werden, in welcher Weise die hier gemeinten Anfangsstränge des linearen Abflusses den von E. Horton (1932, 1945), von A. N. Strahler (1965) und anderen Autoren entwickelten Systemen der Rangordnung von Flüssen (streamorder) einzuordnen sind. Denn es fehlt in den Erläuterungen dieser Systeme eine genauere Angabe darüber, was als Ursprungspunkt der Gerinnebetten 1. Ordnung (point of origin of the finger-tip channel) angesehen werden soll. Wir nehmen an, daß damit der in Wirklichkeit meist keineswegs punktartig festlegbare Bereich gemeint ist, in welchem ein kräftig ausgeprägtes, mindestens zeitweise wasserführendes Bachbett beginnt, dessen Gefälle deutlich geringer ist als die Neigung seiner Begleitböschungen. Unter dieser Voraussetzung hätten unsere Anfangsstränge des Abflusses gemäß den Ausführungen in Abschnitt 3 und 4 eine Rangordnung unterhalb von 1. zu erhalten, also etwa die Ordnung 0.

[2] Unter Sammelsträngen, Sammelbahnen des Abflusses sollen hier stets die Bach- oder Flußbetten bis zur Obergrenze der maximalen Hochwasser verstanden werden, also bei zeitweise trockenen Wasserläufen die Hochflutbetten.

3. Anfangsstränge (Rinnen, Runsen) und Sammelstränge des Abflusses (Bach- und Flußbetten)

Die Anfangsstränge ebenso wie die Sammelstränge des Abflusses haben stets gleichsinniges Gefälle. Darunter ist, wie bekannt, zu verstehen, daß die Oberfläche von Fließmassen, die die besagten Tiefenlinien zu ihrem linienhaften Abfluß benutzen, in der Längsrichtung der Tiefenlinie einseitig ein ununterbrochenes, wenn auch keineswegs ein gleichmäßiges Abwärtsgefälle aufweisen. Genauer gesagt gilt dies für die Energielinie der betreffenden Fließmassen, welche bei strömendem Abfluß wenig, bei schießendem Abfluß um einiges über der Wasseroberfläche liegt.

Hohlformen mit konvergierend-linearem Abflußsystem nehmen die bei weitem größten Teile der von Abtragungsformen beherrschten Gebiete der Erdoberfläche ein. In solchen Hohlformen findet entweder dauernd oder wenigstens zeitweilig, wenn auch durchaus nicht überall zeitgleich auf den Abflußbahnen, das heißt, auf allen ihren von oben her zusammenlaufenden Zweigsträngen ein durchlaufender linienhafter Abfluß statt.

Solche Verhältnisse sind nicht selbstverständlich. In Trockengebieten gibt es, wie schon angedeutet, durchaus auch Hohlformen mit nicht oder nur vereinzelt konvergierenden Abflußbahnen oder sogar ohne nennenswerten linienhaften Abfluß überhaupt.

In Vergletscherungsgebieten andererseits können auch Talgletscher, soweit sie Hohlformen des Reliefs eingebettet, das heißt, dem Relief untergeordnet sind, im genannten Sinne als Repräsentanten, bzw. als Teilglieder eines linearen Abflußsystems gelten. Doch sollen deren Besonderheiten hier nicht näher erörtert werden.

Ein wenigstens zeitweilig wiederholter linienhaft sich bündelnder Durchfluß kann aus dem Vorhandensein eines linearen Abflußsystems mit Sicherheit erschlossen werden. Denn ohne solchen Durchfluß kann gleichsinniges Gefälle über lange Strecken und durch lange Zeiten auf der durch Bewegungen der Erdkruste und durch kleinörtliche exogene Massenumlagerungen immer wieder sich verändernden Erdoberfläche weder geschaffen werden, noch auch lange Zeit erhalten bleiben.

Das obere Ende der Anfangsstränge des linearen Abflusses in solchen Hohlformen, das heißt, der Rinnen und Runsen, ist oftmals nicht punktartig genau angebbar. Vielmehr besteht vielfach eine gewisse Übergangsstrecke, innerhalb deren eine Abflußbahn erst undeutlich entwickelt ist, weil dort kräftiger, linienhafter Abfluß nur selten zustande kommt, dagegen überwiegend zerfasert rieselnder Abfluß vorhanden ist oder weil die Tiefenlinie sogar lange Zeit trocken daliegt. Das gleiche gilt in manchen Fällen auch noch für den Beginn der Sammelstränge des Abflusses, das heißt, der Bach- und Flußbetten. [1]

Aber wenig weiter abwärts pflegt eine Abflußbahn, selbst wenn sie zeitweise kein Wasser führt, ein im Gelände deutlich erkennbares Band darzustellen. Dies gilt auch dann, wenn streckenweise, besonders bei niedrigem Wasserstand, das Gewässer sich vorübergehend in mehrere Einzelstränge aufgabelt oder wenn es zeitweilig trocken fällt. Falls Einzelstränge sich bilden, so verlaufen sie nahe beieinander und pflegen sich nach kurzem getrenntem Lauf wieder zu vereinigen. Nach abwärts reicht der Hauptsammelstrang des Abflusses, von Ausnahmen in Karstgebieten mit unterirdischem Abfluß und in Bereichen ariden Klimas abgesehen, mindestens bis zum unteren Ende der Abtragungshohlform, deren Tiefenlinie er einnimmt. Oft setzt er sich auf Aufschüttungsebenen noch weit darüber hinaus fort. Im humiden Klimabereich geht der Abfluß bis hin zum Meeresspiegel, doch erfolgt dann, wie bekannt, oft Aufgabelung in verschiedene, nicht notwendig wieder zusammenlaufende Einzelstränge, das heißt Deltabildung.

---

1) Siehe Fußnote 1), Seite 18

4. Begleitgelände und Tributärböschungen bei Anfangssträngen und bei Sammelsträngen des Abflusses

In Abtragungshohlformen mit konvergierend linearem Abflußsystem läßt sich für jede Tiefenlinie, das heißt sowohl für die Anfangsstränge wie für die Sammelstränge des Abflusses jeweils ein *Begleitgelände* angeben. Es reicht von der betreffenden Tiefenlinie aufwärts nach beiden Seiten bis zur nächsten Wasserscheide. Wo etwa keine deutliche Wasserscheide vorhanden ist, da kann man als Begrenzung des Begleitgeländes einer solchen Tiefenlinie die Mitte zwischen ihr und der nächst benachbarten ungefähr parallel bzw. in ähnlicher Richtung laufenden Tiefenlinie annehmen.

Soweit die Böschungen des Begleitgeländes einer Tiefenlinie überwiegend nach eben dieser Tiefenlinie hin gerichtet sind, das heißt, soweit die Fall-Linien einer solchen Böschung bzw. ihre Projektion auf die Horizontale der Menge und der Richtung nach mit einem Azimutwinkel von mehr als 45 Altgrad (50 Neugrad) auf die Abwärtsrichtung eben dieser Tiefenlinie zulaufen, kann man eine solche Böschung als *Tributärböschung* dieser Tiefenlinie bezeichnen. Auf solchen Tributärböschungen wird auf Grund der Neigungsverhältnisse Denudationsmaterial gegen diejenige Tiefenlinie hin bewegt, der die Böschung tributär ist.

Zum mindesten die Sammelstränge des Abflusses werden beiderseits von derartigen Tributärböschungen begleitet. Die Gefällswinkel der Tributärböschungen können dabei beliebig steil (Wände), mehr oder weniger gemäßigt (Hänge) oder auch äußerst flach sein (Rampenhänge). Immer aber ist das Gefälle der beiderseitigen Tributärböschungen zu dem ihnen zugehörigen Sammelstrang des Abflusses (Flußbett) hin um ein Mehrfaches, oft um ein Vielfaches größer als das Abwärtsgefälle des Flusses, genauer des Oberrandes des Flußbetts selbst. Dies gilt auch dann, wenn, was in manchen Erörterungen des Fragenkreises nicht ausreichend gewürdigt wird, die Tributärböschungen der Flußbetten in solchen Abtragungshohlformen äußerst flach sind.[1] Diese Gefällsbeziehung zwischen dem Oberrand von Flußbetten und den den Fluß zu beiden Seiten begleitenden Tributärböschungen bleibt meist auch dann erhalten, wenn etwa durch weiteres Eintiefen des Flusses das einstige

---

[1] Es ist leicht zu sehen, daß im steilen, im mäßigen und im hügeligen Relief an jedem Abflußstrang ein gewöhnlich nur schmaler Grenzbereich vorhanden ist, in welchem das Gefälle eines Baches oder Flusses bei Hochwasser von Werten, die größer bis fast ebenso groß sind wie die Gefällswerte des daneben außerhalb der Rinne liegenden Geländes in Werte übergeht, die weit geringer, das heißt, höchstens halb so groß sind wie das Gefälle der das Gerinne beiderseits begleitenden Tributärböschungen. Auch wo Stufen im Längsprofil von Flüssen auftreten (z. B. Glazialrelief oder gesteinsbedingte Stufen) ergibt sich das gleiche, vorausgesetzt, daß man für das Flußgefälle jeweils nicht den engsten örtlichen Extremwert, sondern einen auf einige Kilometer Erstreckung genommenen Mittelwert in Betracht zieht.

Aber auch im Rumpfflächenrelief ist das Längsgefälle der Flüsse stets mehrmals geringer als die Neigung der ihnen zugehörigen Tributärböschungen (Rampenhänge). Das mag aus folgenden Beispielen entnommen werden:

Rumpfflächen-Flußgebiet	Neigung der Begleitböschungen (Rampenhänge)	Breite der Hohlform	Tiefe	Längsgefälle des Flusses
Morogoro Tanzania Ob. Ngerengere	kleine und mittelgroße Flüsse 20 – 30 ‰	3 – 5 km	30 – 50 m	3 – 6 ‰
Ruvuma zwischen Masaguru und Manyoli Tanzania	großer Fluß 10 – 20 ‰	10 – 20 km	um 100 m	um 1 ‰
Njem Platte Süd Kamerun Blatt Akonolinga 1 : 200 000 NA 33 XIX	mittelgroße Flüsse 10 – 25 ‰	5 – 8 km	30 – 50 m	3 – 6 ‰
Nyong und Dja Gebiet, Südkamerun	große Flüsse 5 – 10 ‰	8 – 15 km	50 – 100 m	Nyong 2,2 ‰ Dja um 0,5 ‰

Flußbett zur Erosionsterrasse über diesem Fluß geworden ist. Ebensolche Gefällsunterschiede bestehen selbstverständlich auch zwischen den nun neu entstandenen Böschungsteilen, die von solchen Erosionsterrassen zum aktuellen Hochflutbett des Flusses hinabführen, und diesem Flusse selbst. Wenn aber das Eintiefen des Flusses gleich langsam oder langsamer erfolgt als die Erniedrigung der Tributärböschungen des Flusses durch die Flächendenudation, dann entstehen natürlich auch keine Erosionsterrassen über einem solchen Fluß.

Die eben genannten Gefällsbeziehungen liefern ein einfaches quantitatives Kriterium zur Unterscheidung und Abgrenzung zwischen den Sammelsträngen des Abflusses, also den Bach- und Flußbetten einerseits, und den Anfangssträngen, den Rinnen oder Runsen andererseits. Anfangsstränge sind hiernach jene Rinnen und Runsen, die sowohl im Steil- wie im Mittel- oder Flachrelief, auch im Rumpfflächenrelief vereinzelt oder in größerer Zahl auftreten, und deren Begleitgelände einer der folgenden zwei Möglichkeiten der Gestaltung entspricht. Entweder die Fall-Linien des Begleitgeländes (genauer deren Projektionen auf die Horizontale) der betreffenden Rinnen und Runsen laufen nach abwärts mit einem Winkel von weniger als 45 Altgrad (50 Neugrad) auf die jeweils betrachtete Rinne oder Runse zu. Dann ist die betreffende Begleitböschung einer solchen Rinne (Runse) *nicht* überwiegend zu dieser Rinne (Runse) hin, sondern überwiegend zur nächsten nach abwärts anschließenden Tiefenlinie höheren Ranges hin geneigt. Eine solche Rinne (Runse) besitzt also keine oder nur unvollständig entwickelten (z. B. nur einseitige oder nicht durchlaufende) Tributärböschungen, die wirklich dieser Rinne (Runse) zugehörig sind. Die Höhenlinien queren eine solche Rinne (Runse) mit einem Knick bzw. einer Biegung, die nach abwärts einen stumpfen Winkel aufweist.

Die andere Möglichkeit der Gestaltung besteht darin, daß Rinnen oder Runsen zwar im Kartenbild mit spitzwinkligen Einbiegungen der Höhenlinien erscheinen, also dort durchaus von ihnen zugehörigen Tributärböschungen begleitet sein können, daß aber zwischen zwei benachbarten derartigen Rinnen (Runsen) noch weiteres Begleitgelände im vorher erläuterten Sinne vorhanden ist, welches nicht überwiegend gegen eine dieser beiden Rinnen (Runsen), sondern überwiegend gegen die nächste nach abwärts anschließende Tiefenline höheren Ranges hin geneigt ist. In diesem Falle können die betreffenden Rinnen (Runsen) unter Umständen durchgehend von kürzeren Tributärböschungen begleitet sein. Aber diese Tributärböschungen umfassen dann nicht das gesamte Begleitgelände der betreffenden Rinnen (Runsen) — wieder in der vorher angeführten Bedeutung dieses Begriffes.

Bei beiden der dargelegten Möglichkeiten der Gestaltung besteht das *Begleitgelände* der betreffenden Rinnen (Runsen) *nicht oder nur unvollständig aus Tributärböschungen* eben dieser Rinnen (Runsen). Dies ist im Hinblick auf die Formenentwicklung ein *gemeinsames Merkmal aller Anfangsstränge des Abflusses*. Etwas vereinfacht läßt sich auf Grund des Vorstehenden außerdem sagen, daß Anfangsstränge des Abflusses weder wesentlich flacher noch wesentlich steiler geneigt sind als das Begleitgelände, das zwischen zwei solchen Anfangssträngen gelegen ist.

Als Sammelstränge des Abflusses hat man deswegen bei folgerichtiger Weiterführung der gleichen Betrachtungsweise diejenigen Abflußstränge anzusehen, deren Begleitgelände *vollständig aus Tributärböschungen eben dieser Abflußstränge* besteht. Hierbei bleiben allerdings solche Böschungsteile außer Betracht, die bereits Tributärböschungen von etwaigen Tiefenlinien sind, welche ihrerseits dem betrachteten Abflußstrang tributär sind, also etwaige *Tributärböschungen niedrigeren Ranges*. Unter Berücksichtigung dieser im Wesen der Sache selbst liegenden Einschränkung kann man also sagen, daß Sammelstränge des Abflusses stets *von voll ausgebildeten, voll entwickelten Tributärböschungen* begleitet werden.

Auf Grund der dargelegten, in jedem Falle bestehenden gegenseitigen Gefällsbeziehungen zwischen den Anfangssträngen des Abflusses und deren Begleitgelände einerseits sowie den Abflußsammelsträngen und dem diesen zugehörigen Begleitgelände andererseits ergibt sich zugleich folgendes:

Wie ausgeführt wurde, kann der Gefällsunterschied der Anfangsstränge des Abflusses zu ihrem zugehörigen Begleitgelände nie sehr groß werden. Denn das Längsgefälle dieser Anfangsstränge ist entweder ungefähr ebenso steil wie das des Begleitgeländes oder aber diese Anfangsstränge sind zwar steilflankig, jedoch nur seicht in das ihnen zugehörige Begleitgelände eingeschnitten. Aus diesem Grunde können die Anfangsstränge des Abflusses, das heißt, die Rinnen und Runsen, durchaus als Formen aufgefaßt werden, die dem in ihrem Begleitgelände herrschenden Abtragungsgeschehen ohne größere Unterschiede des Aufwands an Reibung eingefügt sind. In diesem Sinne sind die Anfangsstränge des Abflusses Zubehörformen ihres Begleitgeländes, deren Wirken trotz der linearen Erscheinungsform mit Recht als Sonderausprägung der flächenhaften Abtragung aufzufassen ist.

Bei den Sammelsträngen des Abflusses herrschen wesentlich andere Gefällsbeziehungen zwischen Abflußstrang und Begleitgelände. Das letztgenannte besteht im vorher erläuterten Sinne aus voll entwickelten Tributärböschungen. Diese zusammen mit den ihnen angehörigen Anfangssträngen des Abflusses, also den Rinnen und Runsen neigen sich mit einem mehrfach, oft vielmals größeren Gefälle als dem Längsgefälle des Abflußsammelstranges eigen ist, gegen eben diesen hin.

Darin kommt zum Ausdruck, daß der in einer Abtragungshohlform mit konvergierend-linearem Abflußsystem in deren Sammelsträngen des Abflusses laufend erfolgende Weitertransport des von den zugehörigen Tributärböschungen und den tributären Anfangssträngen des Abflusses her angelieferten Denudationsmaterials unter merklich geringerem Aufwand an Reibung erfolgen muß, als dies auf jenen Tributärböschungen und in den dort vorhandenen Anfangssträngen des Abflusses der Fall ist.

Der in der Natur gewiß vorhandene Unsicherheitsspielraum zwischen einem unzweifelhaften Sammelstrang des Abflusses, das heißt einem Bach- oder Flußbett, und einem Anfangsstrang des Abflusses, das heißt einer Rinne oder Runse wird *dann* recht klein, wenn man, wie ich es 1968 und 1973 tat, zu den Sammelsträngen (bzw. a. a. O. zu den Talgründen) alle jene Formen rechnet, deren Abwärtsgefälle weniger als halbsogroß ist wie das zu ihnen hin gerichtete Oberflächengefälle ihrer Begleitböschungen, sofern diese voll ausgebildete Tributärböschungen des betrachteten Abflußstrangs sind. Anfangsstränge des linearen Abflusses, das heißt Rinnen oder Runsen und damit zum Formenschatz der Tributärböschungen von Flußbetten (von Sammelsträngen des Abflusses) gehörige Besonderheiten, sind dagegen jene Einzelrinnen oder auch Scharen von Runsen, deren Gefälle mehr als halb so groß ist wie das der Flächen, in die sie eingetieft sind. Diese Rinnen haben also praktisch gleich großes Gefälle wie, stellenweise unter Umständen sogar größeres Gefälle als die Oberflächen, in die sie einschneiden. Dies kann als typisch für alle Anfangsstränge des linearen Abflusses angesehen werden, gleichgültig ob steiles, mäßiges, flaches oder sehr flaches Relief betroffen ist. [1]

Die dargelegten Unterscheidungen zwischen Flußbetten, den Sammelsträngen eines konvergierend-linearen Abflußsystems einerseits und ihren voll entwickelten Tributärböschungen samt den diesen zugehörigen Rinnen oder Runsen, den Anfangssträngen des Linearabflusses sowie etwaigen Tributärböschungen niedrigeren Ranges andererseits mag den Eindruck erwecken, als sei sie lediglich geometrisch bzw. morphographisch begründet, und manchmal werden derartige Unterscheidungen, wenn auch ohne Grund, gering bewertet. In Wahrheit kommen in den angeführten geometrischen Fakten, wie hier bereits angedeutet wurde, wesentliche physikalische Sachverhalte zum Ausdruck, die in ihrem Zusammenwirken für die Entstehung und Weiterbildung der Abtragungshohlformen mit konvergierend-linearem Abflußsystem außerordentlich wichtig sind.(Weiteres darüber in Abschnitt 6).

Durch die erwähnten Gefällsbeziehungen zwischen den Flußbetten und den jeweils zugehörigen Tributärböschungen samt deren Rinnen und Runsen sowie etwaigen Tributärböschungen niedrigeren Ranges erweist sich die Eigenschaft des gleichsinnigen Gefälles, welche zunächst nur für die linearen Abflußbahnen allein hervorgehoben wurde, als sogar auch auf allen Einzelflächenteilen dieser Abtragungshohlformen verwirklicht.

---

[1] siehe Fußnote 1), Seite 20.

5. Sonderstellung der Sammelstränge des Abflusses im Abtragungsgeschehen

Eine erste Folgerung aus dem Vorhergehenden besteht darin, daß in den Abtragungshohlformen mit konvergierend-linearem Abflußsystem alle Sammelstränge des Abflusses, genauer die Oberränder der Bach- und Flußbetten, eindeutig eine Sonderstellung in Bezug auf das Abtragungsgeschehen einnehmen. Jeder Punkt am seitlichen Oberrande der Flußbetten eines konvergierend-linearen Abflußsystems ist, wenn man die örtlich wechselnde Tiefe des Flußbetts selbst außer Betracht läßt, für das gesamte oberhalb von ihm gelegene Einzugsgebiet bis hinauf zur örtlichen Wasserscheide der im Augenblick der Betrachtung am weitesten gegen das Ziel der Abtragung hin vorgearbeitete Punkt eben dieses Einzugsgebiets. Er ist spezifische örtliche Erosions- und Denudationsbasis dieses Einzugsgebietes (H. Louis, 1973, S. 12f). Anders ausgedrückt: An diesem Punkt erreicht die Erdoberfläche ein tieferes Schwerkraftniveau als an irgend einem anderen Punkt des oberhalb von ihm gelegenen Einzugsgebietes. Da nun alle Abtragungsmechanismen von höherem zu tieferem Schwereniveau hinstreben, und zwar soweit sie nicht an Wind gebunden sind, überwiegend auf möglichst kurzem Wege, so läuft in Abtragungshohlformen mit konvergierend-linearem Abflußsystem praktisch die gesamte Abtragungsfracht eines vorgegebenen Einzugsgebietes über die nach abwärts anschließenden Sammelstränge des Abflusses (die Bach- und Flußbetten).

Aus diesem Grunde muß die Abtragung in einer Hohlform mit konvergierend-linearem Abflußsystem außer durch andere Gegebenheiten stets auch durch das geomorphologische Geschehen in den zugehörigen Flußbetten selbst mit beeinflußt werden. Würde zum Beispiel in einer Abtragungshohlform die im ganzen langsam fortgehende Vertiefung der Flußbetten irgendwo für längere Zeit aufhören, so müßte sich das gesamte zugehörige Einzugsgebiet von dieser Stelle an aufwärts nach und nach aus einem Abtragungsgebiet in ein Aufschüttungsgebiet umwandeln. In sachentsprechender Weise müssen auch andere langdauernde Änderungen des Abtragungsmaßes, die irgendwo in Flußbetten auftreten, mögen sie nun petrographische, klimatische oder tektonische Ursachen haben, je nach ihrer Bedeutung für den Abflußvorgang mit der Zeit auf die oberhalb gelegenen Sammelbahnen des Abflusses weiterwirken, das heißt, deren Entwicklung mit steuern.

Dies ist lediglich eine Folge aus dem Prinzip vom Rückschreiten der Erosion. Solches Rückschreiten der Erosion erfolgt besonders rasch und unabhängig von den Gesteinsverhältnissen dort, wo der von Büdel nachgewiesene Eisrindeneffekt in Gebieten heutigen und einstigen Dauerfrostbodens für das Eintiefen von Flüssen ausnehmend günstige Voraussetzungen schafft oder ehemals geschaffen hat. Es vollzieht sich kräftig auch in denjenigen Klimabereichen, in welchen ohne Mitwirken des Eisrindeneffekts die Flüsse mit grobem Kollermaterial beladen sind, weil die Verwitterung dort bei vielen Gesteinen nur sehr langsam über eine Zerlegung in grobe und kleinere Bruchstücke hinausgeht. Beachtliches Rückschreiten der Erosion muß auch in großen Teilen der feuchten Tropen angenommen werden, wo die Flüsse nicht sehr selten mehrere hundert Meter tiefe Furchen ausgearbeitet haben, obwohl sie aus dem tiefgründig zu Feinmaterial zersetzten Untergrund fast nur Sand als gröbstes zum Schleifen geeignetes Material in ihre Flußfracht aufnehmen können.

Verhältnismäßig langsam scheint das Tieferlegen der Flußbetten und damit auch das Rückwärts-Wirken der Flußerosion in dem überflachen Rumpfflächenrelief der wechselfeucht-semihumiden Tropen voranzugehen. Aber die gelegentlich ausgesprochene Behauptung, daß solche Beeinflussung von talab nach aufwärts dort gar nicht vorhanden sei, ist unbegründet und in ihren Folgerungen irreführend.

Falls die Schätzungen der Bodenabtragung im tropischen Afrika nach F. Fournier (1962) nicht völlig irrig sind, doch alle Beobachtungen und seine methodischen Erwägungen sprechen dafür, daß sie der Wirklichkeit nahe kommen, dann ist die Gesamtabtragung in den Rumpfflächengebieten der wechselfeuchten Tropen durchschnittlich sogar um rund eine Zehnerpotenz höher zu veranschlagen als in den Flachrelief-Gebieten aller anderen Klimaräume. In diesen mag das alleinige Tieferlegen der linearen Abflußbahnen regional oder zeitweise erheblich größere Absolutbeträge erreichen als in den wechselfeuchten Tropen. Aber wenn in den Rumpfflächengebieten der wechselfeuchten Tropen die linearen Abflußbahnen sich auch nur ungefähr gleich schnell tieferlegen wie das gesamte sie umgebende Abtragungsgebiet, dann müssen die Absolutbeträge dieses Tiefer-Arbeitens der Flüsse in den wechselfeuchten Tropen immer noch sehr ansehnlich sein. (Weiteres hierzu in Abschnitt 8, S. 31).

6. Zur Abtragung auf den Tributärböschungen der Abflußsammelstränge

Eine zweite Folgerung für das geomorphologische Geschehen in Abtragungshohlformen mit konvergierend-linearem Abflußsystem ergibt sich aus dem großen Gefällsunterschied zwischen den Bach- und Flußbetten, das heißt, den Sammelsträngen des Abflusses einerseits und ihren Tributärböschungen andererseits. Da diese Letztgenannten, wie vorher erwähnt, immer mehrmals bis vielmals stärker geneigt sind als die zugehörigen Flußbetten und zwar sowohl im sanftesten Flachrelief wie im stärksten Steilrelief, so muß, falls die Abtragung im betreffenden Gebiet einigermaßen stationär, das heißt hier unter stetiger Erneuerung der Oberflächenformen bei Bewahrung des Formentyps, vonstatten geht, ein erheblicher Unterschied zwischen dem Abtragungsmechanismus im Flußbett selbst und jenem auf den zugehörigen Tributärböschungen bestehen. Die Abtragung auf den Tributärböschungen muß durchweg unter größerer Reibung vor sich gehen und eben dadurch zur Aufrechterhaltung stationärer Verhältnisse ein stärkeres Gefälle nötig haben, als in den Abfluß-Sammelsträngen (den Flußbetten) erforderlich ist.

Dies gilt, wie leicht einzusehen ist, für alle raschen oder langsamen Massenselbstbewegungen an Hängen, und zwar sowohl für die trockenen wie für die nach Durchfeuchtung erfolgenden und auch ohne Rücksicht darauf, ob sie unter Mitwirkung von Frostschub oder ohne solchen vor sich gehen. Denn in allen diesen Fällen fehlt oder ist stark abgeschwächt der reibungmindernde Auftrieb, der bei Transport in Wasser vorhanden ist. Die verhältnismäßig starke, wenn auch im einzelnen sehr unterschiedliche Neigung der Tributärböschungen von Flüssen, auf denen derartige Typen der flächenhaften Abtragung vorherrschen, wird dadurch verständlich.

Größere Reibung als beim Flußtransport ist aber ebenso auch bei Massenverlagerung durch Flächenspülung zu überwinden. Denn sowohl auf sehr flachen Böschungen wie im Mittel- oder Steilrelief werden immer nur geringe Mächtigkeiten der spülenden Wasserschicht erreicht. Beträge von wenigen Zentimetern bis kaum über 1 Dezimeter sind immer wieder nachweisbar. Wesentlich größere Wassertiefen gibt es nur in Staugebieten, in denen die Wasserbewegung schleichend wird, so daß der Spüleffekt fast aufhört, oder bei zunehmender Fließgeschwindigkeit in Anfangs- oder Sammelsträngen des Abflusses, das heißt dort, wo die Flächenflut in linienhaften Abfluß übergeht. Es ist klar, daß dünne, dahinströmende Schichtfluten eine große Bodenreibung haben. Darauf gerade beruht ihr Spüleffekt. Sie benötigen aber dazu ein weit stärkeres Gefälle als eine gleich große, strömende Wassermasse, welche ein Flußbett von Fußtiefe, Meter-Tiefe oder gar Mehrmeter-Tiefe zur Verfügung hat.

Flächenspülung ist dabei, wie neuere Beobachtungen wahrscheinlich machen, für die flächenhafte Abtragung nicht nur derjenigen Gebiete von größter Bedeutung, in denen ihr Wirken sich unmittelbar aufdrängt. Das ist besonders in den semiariden und semihumiden Teilen der wechselfeuchten Tropen und Subtropen, ferner in den Mittelbreiten mit jahreszeitlichen Starkregen und auch in polaren oder subpolaren Landschaften mit starker Hang- und Runsenspülung im Zuge der Schneeschmelze der Fall. Dabei ist die Spärlichkeit oder Dichte der Vegetationsdecke, besonders des Wurzelgeflechts ohne Zweifel von großem Einfluß. Aber selbst in den außertropischen Waldgebieten, in denen die Hangabtragung im ganzen gering ist, dürfte Flächenspülung eine Rolle spielen.

Wer einmal nach starkem und lange anhaltendem Schneeregen Schichtflutspülung von mehreren Zentimetern Mächtigkeit über große Flächen in steilflankigem Waldgelände zum Beispiel der Alpen hat niedergehen sehen und den hierbei vonstatten gehenden Transport an Feinmaterial beobachtet hat, dem wird dies deutlich sein. Bei solchen Ereignissen kommt es auch zu Abtragungsvorgängen, die sich der unmittelbaren Sicht und der späteren Feststellung weitgehend entziehen, und die deswegen weniger bekannt zu sein scheinen. So war zum Beispiel am 22. 8. 1954 im oberen Gschnitztal (Stubaier Alpen) nach entsprechenden seit dem Nachmittag des 21. 8. anhaltenden Niederschlägen bei zusammenhängend über die Steilhänge niedergehender Schichtflutspülung im Talgrund um die Laponesalm die Wurzelfilzdecke der Krautgewächse durch Wasserzudrang aus dem Untergrund ohne zu zerreißen großflächig um Dezimeterbeträge vom Unterboden abgehoben, so daß sie zwischen intakt gebliebenen Verankerungsstellen gewissermaßen schwamm. Die abgehobenen Oberflächenteile gaben beim Betreten wie eine Gummidecke nach. Aus beim Betreten entstandenen Rissen sprudelte heftig Wasser auf. Es darf angenommen werden, daß während solcher Zustände unter der Wurzelfilzdecke mindestens

Feinmaterial in größeren Mengen verspült bzw. verschlemmt wird, auch wenn später kaum Wunden in der dem Boden wieder aufliegenden pflanzlichen Decke festzustellen sind.

Geschehnisse wie die geschilderten treten in den Alpen sicher nicht häufig, aber auch nicht extrem selten auf. Innerhalb der gegenwärtigen Abtragung in den entsprechenden Gebieten kommt ihnen fraglos Bedeutung zu.

Überblickt man die große Mannigfaltigkeit an Vorgängen der Massenselbstbewegungen und der Flächenspülung, welche in Abtragungshohlformen mit linearem Abflußsystem die flächenhafte Abtragung auf den Tributärböschungen der Flußbetten bewirken, so läßt sich erkennen, daß jeder besondere Typ dieser Abtragungsvorgänge bevorzugte Verbreitungsgebiete besitzt. Aber keiner von ihnen ist ausschließlich an eine einzige Gesteinsgruppe allein, an ein einziges Verwitterungsmaterial, an ein einziges Klimagebiet oder an einen einzigen Relieftyp allein gebunden. Immer gibt es Bereiche, in denen ein bestimmter Typ der Abtragungsvorgänge auf den Tributärböschungen von Flußbetten in den Abtragungshohlformen vorherrscht, manchmal sehr ausgesprochen vorherrscht. Daneben stehen aber andere Bereiche, in denen dieser Typ noch wichtig ist, ohne vorzuherrschen, endlich solche, in denen er nur noch ausnahmsweise und ohne größere Bedeutung für die Oberflächenformung vorkommt. Entsprechendes gilt, wie in Abschnitt 5 angedeutet wurde, auch für die Begleitbedingungen und den speziellen Mechanismus der Flußeintiefung. Eine scharfe Grenze zwischen Bereichen verschiedener spezieller Formen des Abtragungsgeschehens ist daher meist nicht zu ziehen. Vielmehr pflegen gleitende Übergänge, in denen entweder die eine oder die andere Kombination von Faktoren vorherrscht, einander zu verbinden. Nur in generalisierendem Sinne kann man daher von Flächenspülzone, Gelisolifluktionszone, exzessiver Talbildungszone usw. sprechen. In solchem generalisierendem Sinne besitzen die betreffenden Unterscheidungen freilich einen beträchtlichen Aussagewert.

Darüber darf aber nicht übersehen und in den Konsequenzen nicht vernachlässigt werden, daß sämtliche Abtragungshohlformen mit linearem Abflußsystem, unabhängig von all ihren sonstigen Besonderheiten, die im Vorhergehenden erläuterten Grundeigenschaften der Abflußstränge und der Beziehungen zu ihren Begleitböschungen durchweg gemeinsam haben.

7. Initiale und dominierende Linearerosion des fließenden Wassers

Bei der Analyse der Abtragungshohlformen mit konvergierend-linearem Abflußsystem hat sich, wie weiter oben ausgeführt wurde, die Unterscheidung der Sammelstränge des Abflusses, das heißt, der Bach- und Flußbetten einerseits von ihren in diesem Falle voll entwickelten Tributärböschungen andererseits als wesentlich erwiesen. Der große, zwischen beiden durchgängig vorhandene Gefällsunterschied bezeugt, daß der Abtragungsmechanismus in bzw. auf beiden erheblich verschieden sein muß. Offensichtlich sind die sehr verschiedenen Reibungsbedingungen, unter denen die Abtragung im einen bzw. im anderen Bereich erfolgt, die Hauptursache dieser Gefällsunterschiede.

Ebenso ist in diesem Zusammenhang die Unterscheidung zwischen Sammelsträngen und Anfangssträngen des Abflusses von großer Bedeutung. Die Anfangsstränge des Abflusses, das heißt die Rinnen und Runsen, stehen, obwohl sie linienhafte Erscheinungen sind, nach Ausweis ihrer Gefällsverhältnisse abtragungsmechanisch nicht den Sammelsträngen des Abflusses nahe, sondern den Tributärböschungen, die stets beiderseits der Sammelstränge des Abflusses entwickelt sind, gewissermaßen als deren Zubehörformen.

Hieraus folgt: Innerhalb des Gesamtbereichs der konvergierend-linearen Fluvialerosion müssen nach Formen und Abtragungsmechanismus zwei Unterbereiche unterschieden werden. Der erste bildet in der Nähe der Haupt- und vieler Nebenwasserscheiden einen mehr oder weniger breiten Saum, in welchem Anfangsstränge des Abflusses, das heißt Rinnen bzw. Runsen auftreten. Diese Rinnen oder Runsen haben entweder steileres oder doch wenigstens nicht wesentlich flacheres Gefälle als das zwischen ihnen gelegene Gelände. Dieses und die besagten Rinnen oder Runsen dachen sich außerdem gemeinsam gegen ein größeres Gerinnebett, einen Sammelstrang des Abflusses ab, welcher aber seinerseits ein weit geringeres Gefälle aufweist als jene. Die besagten Rinnen ebenso wie das zwischen ihnen gelegene Zwischengelände bilden hiernach gemeinsam jeweils Teile der voll entwickelten Tributärböschungen des genannten größeren Abfluß-Sammelstranges. Es gibt demgemäß in den Abtragungshohlformen mit konvergierend-linearem Abflußsystem eine Saumzone, in welcher beginnende oder, in international verwendbarer Ausdrucksweise, *initiale Linearerosion des fließenden Wassers* auftritt. Sie drückt sich im Vorhandensein von Anfangssträngen des linearen Abflusses, das heißt von Rinnen und Runsen aus, und diese sind daran zu erkennen, daß sie steileres bis gleichstarkes, jedenfalls nicht wesentlich flacheres Gefälle haben als das zwischen ihnen gelegene Gelände. Diese Anfangsstränge des linearen Abflusses haben es also noch nicht oder erst unvollständig vermocht, das sie beiderseits begleitende Gelände böschungsmäßig zu sich hinzulenken, es sich selbst tributär zu machen. Sie nehmen daher noch keine ausgeprägte Vorrangstellung im Abtragungsgeschehen gegenüber dem begleitenden Gelände ein. Man kann diese Formen einer initialen Linearerosion des fließenden Wassers noch durchaus als eine Sonderausprägung einer hier im ganzen flächenhaft wirkenden Gesamtabtragung des Landes auffassen. Dies gilt für die um cm bis höchstens wenige dm eingetieften Rinnen mit sehr geringem Längsgefälle auf den Flachböschungen von Rumpfflächen, wo bei Hochwasser die allgemeine Flächenspülung noch ungefähr in der gleichen Richtung strömt wie das Wasser in den genannten Rinnen. Es gilt aber ebenso auch für die an einem Steilhang ungefähr mit der Steilheit eben dieses Hanges unter Umständen erheblich eingekerbten Hangrunsen und für alle Zwischenformen.

An diese vor allem in Wasserscheidennähe auftretenden Initialformen der linearen Fluvialerosion schließen sich, wie gezeigt wurde, gewöhnlich schon wenig weiter abwärts deutlicher ausgeprägte, in der Entwicklung weiter fortgeschrittene Formen an. Sie sind durch das Vorhandensein von Sammelsträngen des Abflusses, das heißt von Bach- und Flußbetten, gekennzeichnet. Und diese besitzen, wie ausgeführt wurde, stets beiderseitige voll entwickelte Tributärböschungen, welche gegen die betreffenden Abflußsammelstränge hin abgedacht sind und zwar mit weit größerem Gefälle, als die betreffenden Abflußsammelstränge selbst aufweisen.

Den Abflußsammelsträngen ist auf diese Weise in dem jeweiligen Abtragungsrelief in Bezug auf das Abtragungsgeschehen eine dominierende Stellung eigen. Der Abtransport der Abtragsmassen vom Gesamtgebiet der zugehörigen Tributärböschungen muß nämlich allenthalben durch die Abflußsammelstränge hindurch bewältigt werden. Daher möchten wir, soweit die Linearerosion des fließenden Wassers durch Sammelstränge des Abflusses im vorher erläuterten Sinne erfolgt, von *dominierender Linearerosion des fließenden Wassers* sprechen.

Beim Übergang von den Tributärböschungen zu den zugehörigen Abflußsammelsträngen vollzieht sich in diesem System, wie die Gefällsverhältnisse anzeigen, überall ein fast sprunghafter Umschlag des Abtragungsmechanismus von einem vergleichsweise reibungsreichen Typ (Flächenabtragung einschließlich der Flächenspülung und der initialen linearen Fließwassererosion) zu einem sehr viel reibungsärmeren Typ (linearer bzw. bandartiger Flußtransport in vergleichsweise tiefem Wasser). Aus dem genannten Grunde ist auch die Unterscheidung von Formen bzw. Mechanismen der *initialen* Linearerosion des fließenden Wassers von solchen der *dominierenden* Linearerosion sowohl recht deutlich als auch für das Verständnis der Entstehung der Abtragungshohlformen mit linearem Abflußsystem wesentlich. Denn diese Hohlformen sind, wie in Abschnitt 8 genauer dargelegt wird, das Ergebnis des Zusammenwirkens von dominierender Linearerosion des fließenden Wassers auf der einen, mit flächenhafter Abtragung einschließlich der Initialerscheinungen der fluvialen Linearerosion auf der anderen Seite.

Diese Unterscheidung ist auch deswegen besonders notwendig, weil auf Grund der tatsächlich vorhandenen Ähnlichkeiten der Wirkung von echt flächenhaften Abtragungsmechanismen mit den Wirkungen der initialen linearen Fluvialerosion Modellvorstellungen für die fluviale Abtragung entwickelt worden sind (z. B. von H. Rohdenburg 1971, von O. Seuffert, Vortrag Würzburg 1974), die uns nicht annehmbar erscheinen. In ihnen bleibt nämlich der für die Reliefgestaltung fundamentale, im Fluvialrelief stets vorhandene Unterschied zwischen den Gefällsverhältnissen der Anfangsstränge des Abflusses samt ihrem Begleitgelände einerseits und den Sammelsträngen des Abflusses andererseits unberücksichtigt. Auch H. Bremer (bes. 1971, S. 166 ff) würdigt trotz vieler wertvoller Beobachtungen diese systematisch-unterschiedlichen Gefällsverhältnisse und ihre Bedeutung für den fluvialen Abtragungsmechanismus nicht.

Doch diese Gefällsverhältnisse beweisen, daß an der Grenze zwischen den Tributärböschungen einschließlich der initialen Abflußstränge des fließenden Wassers einerseits und den dominierenden Abflußsträngen andererseits stets eine fast sprunghafte Minderung der beim Abtragungsgeschehen für die Überwindung von Reibung erforderlichen Energie eintritt. Darin offenbart sich also ein genereller Wesenszug aller Gesamtmechanismen, durch welche Abtragungshohlformen mit konvergierend-linearem Abflußsystem erzeugt werden. Wir halten theoretische Überlegungen über das fluviale Abtragungsrelief, welche diesen fundamentalen Sachverhalt außer Acht lassen, nicht für wirklichkeitsnahe.

8. Zusammenspiel von flächenhafter und linienhafter Abtragung

Aus alledem ergeben sich Folgerungen für das Entstehen und die Weiterbildung der Hohlformen mit konvergierend-linearem Abflußsystem. Eine erste ist seit langem Gemeingut der Geomorphologie. Jedes beliebig unregelmäßige, auch von geschlossenen Hohlformen durchsetzte Relief, muß im humiden Klimabereich, das heißt in einem Gebiet, in welchem die Niederschlagsgabe größer ist als die Abgänge durch unmittelbare Verdunstung, durch Vegetationsverbrauch und durch Versickerung, auf die Dauer mit Hilfe von Auffüllung und Überfließen aller geschlossenen Hohlformen zur Bildung von konvergierend-linearen Abflußbahnen gelangen. Nur in Karstgebieten mit teilweise unterirdischem Abfluß können Ausnahmen hiervon auf lange Dauer bestehen bleiben.

Weniger allgemein beachtet ist eine zweite Folgerung: Nichtlinearer, also flächenhafter Wasserabfluß von geringer Schichtdicke kann in der Natur auch auf sehr flach geneigten Böschungen nur in begrenzter Ausdehnung stabil bleiben. Denn schon durch kleine Unregelmäßigkeiten in der Ebenheit oder der Rauhigkeit der nach Starkregen flächenhaft überspülten Landoberflächen entstehen feinörtliche Unterschiede der Mächtigkeit und damit der Fließgeschwindigkeit schichtartig spülender Wassermassen. Sobald diese Unterschiede ein gewisses Maß überschreiten, muß an solchen Stellen, an denen bei gleichem Oberflächengefälle das Wasser merklich tiefer ist als nahebei, wegen der hier verminderten Abflußreibung erhöhte Fließgeschwindigkeit des Wassers sich einstellen mit leichter Spiegelsenkung und daher Sogwirkung auf den Abfluß in der Nachbarschaft, also mit der Tendenz, den Abfluß zu konzentrieren. In diesen Gegebenheiten dürfte eine Hauptursache dafür zu suchen sein, daß auch am Grunde sehr flach muldenförmiger Hohlformen, wenn sie wenigstens zeitweise kräftige Niederschläge erhalten, stets irgendwo eine deutliche lineare Abflußbahn, und zwar zuerst gewöhnlich Rinnen, also Initialformen der fluvialen Linearerosion, weiter abwärts dann ein Bach- oder ein Flußbett einsetzt. Dieses gewinnt die in Abschnitt 5 erläuterte Sonderstellung innerhalb des Abtragungsgeschehens und setzt sich im humiden Klimabereich mindestens bis zum unteren Ende der Gesamthohlform fort.

Die vorstehenden Ausführungen gelten abgesehen von den durch unterirdische Entwässerung im Karstrelief möglichen Besonderheiten unter der Voraussetzung wenigstens zeitweiliger kräftiger Niederschläge ohne Einschränkung. Sie machen verständlich, daß in Abtragungshohlformen, auch wenn in ihnen noch so günstige Vorbedingungen für Flächenspülung oder andere Formen der flächenhaften Abtragung herrschen, im humiden Klimabereich immer, im ariden meistens linienhafter Abfluß in den Tiefenlinien entsteht.

Linienhafter Abfluß, das heißt, Rinnen oder Runsen (Initialformen) und Bäche oder Flüsse (Erscheinungen dominierender Linearerosion des fließenden Wassers) sowie die durch sie hervorgerufene Abtragungsarbeit entstehen dabei unabhängig von den Anfangsformen des zur Abtragung kommenden Reliefs von Anfang an. Da die Bäche und Flüsse in dem jeweiligen Abtragungsrelief stets die Linien des von der Landoberfläche örtlich erreichten tiefsten Schwereniveaus einnehmen, das heißt die spezifische örtliche Denudationsbasis bilden, und da die Abtragung im allgemeinen auf möglichst kurzem Wege dem Niveau des Meeresspiegels oder einer örtlichen bzw. regionalen Abtragungsbasis zustrebt, so wird das Abtragungsgeschehen in allen Hohlformen mit dominierender linearer Abflußbahn von Geschehnissen an oder in dieser Abflußbahn im Laufe der Zeit stets mehr oder weniger mit beeinflußt bzw. mit gesteuert.

Außerdem ist offenkundig, daß in Abtragungshohlformen mit konvergierend-linearem Abfluß ein geregeltes Zusammenspiel der Flußtätigkeit, das heißt der dominierenden Linearerosion der Fließwasser mit der flächenhaften Abtragung einschließlich der initialen Linearerosion der Fließwasser auf den Tributärböschungen der Flußbetten herrschen muß. Denn in Abtragungshohlformen kann es keine definitiven Ablagerungen geben, außer an Stellen, an denen das Abtragungsgebiet in Wirklichkeit Lücken aufweist, also zum Beispiel wo ihm aktive Senkungsfelder eingebettet sind, oder am Rande gegen Trockenräume ohne Abfluß zum Meere oder unter Sonderbedingungen, wie sie etwa im Übertiefungsbereich einstiger Gletscherbetten vorkommen.

Dagegen sind temporäre Ablagerungen, deren baldige Weiterbewegung zu erwarten ist, nicht selten. Sie pflegen an der Grenze verschieden geneigter Geländeteile und zwar an deren einspringenden Gefällsbrüchen häufiger zu sein als anderswo. Denn auch bei im ganzen stationärem Fortgang der Abtragung ist die Grenze zwischen verschieden stark geneigten Geländeoberflächen zugleich eine Grenze unterschiedlicher Bewegungsbedingungen für das Lockermaterial. Deswegen entstehen hier bevorzugt temporäre Halte in der Weiterbewegung der Lockermassen. Im ganzen muß, wenn die Abtragung stationär und dabei das Formenbild dem Typus nach unverändert bleiben soll, das Zusammenspiel zwischen der Abtragung in den Flüssen und auf ihren Tributärböschungen so abgestimmt sein, daß alle temporären Ablagerungen im Gesamtgebiet nach kurzen oder mäßig langen Zwischenhalten laufend weiterbewegt werden. Dabei muß die langsame Erniedrigung auf den Tributärböschungen der Flüsse ständig durch eine entsprechende Tieferlegung der Flußbetten ausgeglichen werden. Denn die Flußbetten bilden eben allenthalben die Denudationsbasis des zugehörigen Einzugsgebietes. Diese kann sich sowohl im Gleichmaß mit der flächenhaften Erniedrigung der Tributärböschungen weiterentwickeln als auch sich relativ dazu stärker eintiefen oder auch sich heben. Alle drei Möglichkeiten können durch das Zusammenspiel aller Gegebenheiten im Einzugsgebiet einer Flußstrecke selbst, bzw. durch Veränderungen dieses Zusammenspiels verwirklicht werden. Sie können aber auch allein durch das geomorphologische Geschehen in weiter flußab anschließenden Abschnitten des Flußlaufes verändert oder zusätzlich zur Änderung anderer Gegebenheiten mit beeinflußt und abgeändert werden. Das ist lediglich eine Folge des Prinzips vom Rückschreiten der Erosion. *Daher ist es ganz unbegründet anzunehmen, die Flüsse in Abtragungshohlformen mit konvergierendlinearem Abflußsystem seien in irgendeinem Klimagebiet grundsätzlich nicht die Vorarbeiter bzw. die Schrittmacher der allgemeinen Abtragung.* Vorarbeiter bzw. Schrittmacher, nämlich Bestimmende für das zur Zeit mögliche niedrigste Denudationsniveau sind sie immer. Nur wie schnell die Flächendenudation der dominierenden Linearerosion der Flüsse folgt, das können die Flüsse durch ihre Arbeit nicht oder wenig beeinflussen. Doch dies gilt wiederum für die Abtragungshohlformen mit konvergierend-linearem Abflußsystem in allen Klimagebieten, nicht etwa nur in den Entstehungsgebieten der tropischen Rumpfflächen.

Zwei Extremfälle des Zusammenwirkens von dominierender Linearerosion der Flüsse und von Flächendenudation einschließlich der initialen Linearerosion der Fließwasser auf den Tributärböschungen der Flüsse in Abtragungshohlformen mit konvergierend-linearem Abflußsystem sind erkennbar, bei denen sich das allgemeine Formenbild der Landschaft nur sehr wenig bzw. sehr langsam ändert, obwohl die Grundbedingungen dieses Zusammenwirkens außerordentlich verschieden sind.

Im ersten Falle vermag die dominierende Linearerosion der Flüsse rasch vonstatten zu gehen, so daß der Flächendenudation und der initialen Linearerosion der Fließwasser auf neu entstehenden Tributärböschungen verhältnismäßig schnell neue Angriffsflächen zur Verfügung gestellt werden. Wenn in diesem Falle die vom Klima abhängige Verwitterungsgeschwindigkeit der Gesteine gering ist, und wenn außerdem noch die durch Klima und Vegetation stark beeinflußten Vorgänge der Flächendenudation und der initialen Linearerosion der Fließwasser wenig leistungsfähig sind, so kann die Flächendenudation zum Minimumfaktor der Gesamtabtragung in diesem Bereich werden. Es entstehen dann kräftige Flußeinschnitte und mehr oder weniger steil geneigte Tributärböschungen der Flüsse. Aber dieser geomorphologische Gesamtcharakter ändert sich nicht einmal viel, gleichgültig ob die Eintiefung der Flüsse wirklich verhältnismäßig rasch vorangeht, oder ob längere Pausen in der Flußeintiefung, ja selbst Aufschüttungsphasen sich in den Ablauf der Entwicklung einschalten.

Solche Gegebenheiten, wie sie zum Beispiel in den deutschen Mittelgebirgen, etwa im Rheinischen Schiefergebirge, häufig das Formenbild bestimmen, entsprechen diesem Typ. Sie dürften Büdel veranlaßt haben, von einem Vorauseilen der Linearerosion der Flüsse gegenüber der Flächendenudation auf ihren Tributärböschungen (den Talhängen) zu sprechen. Das ist hier durchaus sinnvoll. Man wird aber zweierlei deutlich hervorheben müssen, erstens daß hier wie in allen fluvial bestimmten Abtragungsgebieten aller Klimate nicht die Arbeit der Flüsse von sich aus den Formentyp der Landschaft bestimmt, sondern erst das Zusammenspiel von dominierend-linearer Flußtätigkeit und von Flächendenudation einschließlich der initialen Linearerosion der Fließwasser. Dabei ist hier die Flächendenudation Minimumfaktor im Gesamtmechanismus der Abtragung. Zweitens ist zu sagen, daß die Linearerosion der Flüsse in diesem Falle sogar noch maßgebend zum heutigen Formenbilde beiträgt, obwohl sie größtenteils bereits in ziemlich weit zurückliegender Zeit und sogar vor nachfolgenden Akkumulationsphasen erfolgte.

Der andere Extremfall des Zusammenspiels von dominierender Linearerosion der Flüsse und von flächenhafter Abtragung samt initialer Linearerosion der Fließwasser auf den Tributärböschungen der Flüsse ist in den Gebieten intakter Rumpfflächen der Tropen gegeben. Hier schafft die vom Klima bewirkte Verwitterung auf wenig bis mäßig geneigten Flächen eine intensive Aufbereitung der meisten Gesteine, besonders aber der grob kristallinen, zu feinkörnigen Massen. Außerdem erzeugt kräftige Flächen- und Rinnenspülung eine starke flächenhafte Abtragung dieser Feinprodukte. Dagegen wird die Tiefenerosion der Flüsse, die in diesen Gebieten nur mit Feinfracht als Schleifmaterial ausgerüstet sind, an nicht wenigen Stellen durch örtlich im Flußbett auftretende, widerständige Gesteinskörper sehr verlangsamt, selbst dort, wo starke Krustenbewegungen auf engem Raum große Höhenunterschiede geschaffen haben.

Bei dieser Sachlage wird im Zusammenwirken der dominierenden Linearerosion der Flüsse mit der Flächendenudation und der initialen Linearerosion der Fließwasser, durch welches die Abtragungshohlformen mit konvergierend-linearem Abflußsystem ausgearbeitet werden, die nur langsam vorankommende Tiefenerosion der Flüsse weithin zum Minimumfaktor der Gesamtabtragung. Infolgedessen werden hier durch Flächen- und Rinnenspülung die Tributärböschungen der Flüsse bis zu großen seitlichen Entfernungen von den Flüssen bei schwachem Gefälle gegen die Flußbettränder mehr und mehr abgeflacht.[1] Die jeweilige Abdachung muß solange flacher werden, bis die auf ihr erzielte laufende Erniedrigung der Tributärböschungen der Flüsse mit dem geringen Fortschreiten der Flußeintiefung gerade Schritt hält. Tiefer kann die Erniedrigung der Tributärböschungen nicht gehen, weil die Flußspiegel jeweils die örtliche Denudationsbasis bilden. In diesem Falle wird also die Abtragung des Landes der Höhe nach durch das jeweilige Eintiefungsniveau der Flüsse nach unten begrenzt und von diesen aus mit Hilfe der Minimalböschung, auf welcher unter den örtlichen Verhältnissen die Flächenspülung noch wirksam Material transportieren kann, auch nach oben zu gesteuert. Die Flüsse bewirken also eine Steuerung der Abtragung in der Vertikalen.

Büdel hat in seinen Erörterungen über den Begriff „Tal", die Meinung geäußert, daß der im Rumpfflächenrelief auftretende Typ der Abtragungshohlformen mit konvergierend-linearem Abflußsystem nicht zu den Tälern gerechnet werden solle. Er sagt 1970: „Zur Talbildung kommt es nur dann und dort, wo durch längere Zeiten der Fluß [„nicht" sinnverkehrender Druckfehler] imstande ist, sein Bett rascher erodierend ins Anstehende tieferzulegen, als die allgemeine Abtragung (Summe der Denudations-Vorgänge) die Landbreiten neben dem unmittelbaren Flußbereich als Ganzes tieferzulegen vermag." Diese Formulierung ist deutlicher als die bei ihm auf S. 27 gegebene, weniger klare Definition.

Soweit durch Büdels Vorschlag jene Formen, die gar nicht durch das Zusammenwirken von Tiefenerosion der Flüsse und flächenhafter Denudation auf den Tributärböschungen der Flüsse entstanden sind, aus der Kategorie der Täler ausscheiden, stimmen wir ihm voll zu. Darüber hinaus möchte er aber auch die in intakten Rumpfflächengebieten auftretenden sehr flachen Abtragungshohlformen, die, wie nun auch Büdel mit etwas anderen Worten ausführt (S. 28 f), aus dem Zusammenwirken von Tiefenerosion der Flüsse und flächenhafter Denudation auf deren Tributärböschungen entstehen, bei denen die Flüsse aber nur mit ihrer Bett-Tiefe in das Flächensystem ihrer Tributärböschungen eingetieft sind, aus der Kategorie der Täler herausnehmen. Dieser Wunsch ist verständlich, und die genetische Festlegung, daß von Talbildung nur dann zu sprechen sei, wenn Flußbetten sich rascher tieferlegen oder tiefer gelegt haben als ihre Umgebung, stellt eine an sich denkmögliche Auffassung dar. Es fragt sich nur, ob sie zweckmäßig ist, vor allem ob sie in der Natur ohne größere Mühe überzeugend angewandt werden kann. Wir möchten das entschieden bezweifeln.

Zweifellos gibt es die von Büdel als Spülmulden, von mir (1960, 1968 a) als Flachmuldentäler, (1968 b) als Spülmuldentäler bezeichneten Abtragungshohlformen mit linearem Abfluß, die eindeutig Elemente der Bildung solcher Rumpfflächen, nicht ihrer Zerstörung sind (Büdel 1970 S. 27). Ob man diese Hohlformen im Gegensatz zu jenen, in denen die lineare Tiefenerosion rascher gearbeitet hat als die Flächendenudation, als nicht durch die Flüsse entstanden bezeichnen darf (1970 S. 30), ist wohl mehr eine Frage der Definition des Wortes „entstehen". Die Flüsse haben jedenfalls durch ihre im Gleichmaß mit der Flächendenudation erfolgende Ein-

---

[1] Schwer verständlich ist folgendes: In Büdels Vorstellung über die Bildung von Rumpfflächen wird einerseits das durch die Besonderheit der Verwitterung begünstigte starke Angreifen der Denudation in der Fußzone kräftig aufragender Erhebungen mit Recht betont. Die gleichfalls sehr wirksame und gegebenenfalls ohne Zweifel verhältnismäßig rasch erniedrigende und einebnende Flächen- und Rinnenspülung über stark zersetztem Anstehendem, welche in gering bis mäßig geneigtem Relief offensichtlich dann erfolgt, wenn die benachbarten Flüsse zum Beispiel durch Felsschwellen in ihrem Bett an raschem Eintiefen gehindert sind, scheint er aber außer Betracht zu lassen. Denn wie könnte er sonst (1970 S. 29 f Anm. 9) bei denjenigen, die diese Zusammenhänge in Rechnung stellen, Beziehungen zum Denkmodell des Davis'schen Endrumpfes vermuten?

tiefung ins zumeist durch Verwitterung stark zersetzte Anstehende und durch die Weiterfrachtung der Denudationsmassen, die beim „denudativen Rückschreiten" u. a. auch in Flächengassen von Rumpfflächen anfallen, wesentlichen Anteil am Entstehen der Rumpfflächen und ihrer Wachstumsspitzen. Ohne die Flüsse könnten die betreffenden Lockermassen sicher nicht auf so flachen Bahnen weitergefrachtet werden, wie es tatsächlich der Fall ist. Ohne die Flüsse hätten die Hohlformen daher eine andere, weniger „talartige" Gestalt.

Im übrigen hilft es dem Verständnis der Sachverhalte nicht sehr, wenn Büdel in seinen Ausführungen (1970 S. 29 Anm. 9) teilweise mit irrealen Zahlen und Extrapolationsrechnungen operiert. Flanken von meist unter 1–2° Neigung und oft bis 50 km Breite (S. 29) gibt es im intakten Rumpfflächenrelief wohl nirgends. Denn bei selbst nur 1° = 17,5 ‰ Neigung müßte eine solche Flanke auf 50 km Entfernung einen Höhenunterschied von mehr als 850 m aufweisen. Flanken von 1° Neigung und selbst von nur 10 km Breite, das heißt, von 175 m Höhenunterschied gehören im Rumpfflächenrelief bereits zu den Seltenheiten. 50 km und mehr lang sind vielmehr nicht selten die Betten von Nebenflüssen eines Hauptflusses im Rumpfflächengebiet. Sie haben dann meist um 3 bis 6 ‰, also unter 1/2° Gefälle und sind zusammen mit ihren kleineren Zuflüssen und bei jeweils tributären Böschungen von um 1° bis 2° Neigung, aber dann nur wenigen km Länge um oft 30 bis 50 m, manchmal um 100 m in das meist oberflächlich zersetzte Anstehende eingetieft.

Anstelle der angeblichen Flanken von bis 50 km Breite besteht also in Wirklichkeit ein systematisches Auf- und Abschwingen wasserscheidender Schwellen in einem winkelig verästelten Flußnetz. Nur Formabstraktionen wie die Hüllfläche und die Sockelfläche dieser Flachreliefs kommen Büdels diesbezüglicher Äußerung nahe, wenn man seine Gefällsangabe entsprechend verringert.

Auch Büdels Zeitveranschlagung für die Erzeugung von Rumpfflächenrelief in einst gebirgigem Gelände kann wenig überzeugen. Die Rumpfflächen sind bekanntlich weithin in hochkristallinen Gesteinen des Kontinentalsockels ausgebildet. Zur Bloßlegung dieser Gesteine muß mit Mächtigkeiten der Abtragung gerechnet werden, die nach Kilometern messen. Die Kristallinschiefer sind oft eng gefaltet. Sollten solche Krustenteile in heutigen Rumpfflächengebieten wirklich immer nur mit geringem Tektorelief und sehr langsam in die Abtragungssphäre hineingehoben worden sein, so daß stets die Bildung von Dauer-Primärrümpfen möglich war? Zeigen nicht vielmehr einzelne jäh 400 oder 500 m über ihre Umgebung aufragende Inselberge, die selbst Abtragungsruinen sind, daß in dem betreffenden Gebiet vor der Ausbildung der Rumpffläche sehr ansehnliche Höhenunterschiede vorhanden gewesen sein müssen? Ist es endlich nicht besser, sich an die Beweise dafür zu halten, daß Rumpfflächenbildung im Kristallin unter Umständen wesentlich größere Abtragungsleistungen erzielen kann als tiefe Zertalung im benachbarten Sandstein (H. Louis 1967), statt quasi-dogmatisch anzunehmen, daß alle Rumpfflächen uralt seien, und daß Rumpfflächenbildung immer überaus lange dauere, weil es einzelne Fälle gibt, in denen dies wohl tatsächlich zutrifft?

Wenn die von F. Fournier (1962) für das tropische Afrika mit Sorgfalt geschätzten Beträge der Bodenabspülung einigermaßen der Wirklichkeit entsprechen, wenn weiter als mittlere Dichte der abgetragenen Gesteine vor ihrer Aufbereitung zu Verwitterungsmassen ein Wert von etwa 2 angenommen wird, weil ja in diesen Schätzungen ein Betrag für die Lösungsfracht gar nicht enthalten ist, dann käme man auf eine Mächtigkeit der Gesamtabtragung in den tropischen Rumpfflächengebieten Afrikas von um 500 m in nur 1 Mio. Jahren. Und selbst wenn ein guter Teil dieser heute zu schätzenden Abtragung auf Steigerung der Abtragungsprozesse durch die Tätigkeit des Menschen zurückgeht, auch dann sind die anzunehmenden Beträge möglicher Abtragung noch sehr ansehnlich. Jedenfalls scheint danach die Herausbildung einer Rumpffläche aus einem mäßig gegliederten Relief in den wechselfeuchten Tropen bei günstigen allgemeinen Bedingungen im Zeitraum von einigen Millionen Jahren durchaus im Bereich des Möglichen zu liegen.

Weiter hat Büdel nachdrücklich und zwar mit Recht hervorgehoben, daß bei gleichgewichtigem Verhältnis von Flußarbeit und Flächendenudation keine Flußerosionsterrassen entstehen. In diesem durch Beobachtung wirklich feststellbaren Merkmal glaubt er ein fundamentales Abweichen von denjenigen Abtragungshohlformen zu sehen, in denen die Tiefenerosion der Flüsse rascher arbeitet oder gearbeitet hat als die Flächendenudation. Hohlformen ohne Flußerosionsterrassen können deswegen, seiner Meinung nach, nicht den Tälern zugerechnet werden. Doch darin können wir nicht zustimmen. Wir möchten vielmehr, wie schon früher (1964, 1971), erneut darauf hinweisen, daß offenbar auch eine Leistungskombination von mäßiger bis starker Tiefenerosion der Flüsse und sehr lebhafter flächenhafter Abtragung in tiefgründig und feinkörnig aufbereitetem Verwitterungsmaterial möglich ist, bei welcher keine Flußerosionsterrassen entstehen. Jedenfalls gibt es zum Beispiel in bergigem oft weit über 100 m ja mehrere 100 Meter tief zerfurchtem Relief im mittleren und südlichen Tanzania wiederholt Gebiete von Abtragungshohlformen mit kräftig geböschten Flanken, mit muldenförmigem Grunde und mit einem Fluß darin, ohne daß sich Flußerosionsterrassen zeigen. Manchenorts sind diese Hohlformen eindeutig in der Entwicklung zur Rumpfflächenlandschaft hin begriffen (1964 als Flachmuldentäler mit Rahmenhöhen bezeichnet). Anderenorts sind sie offensichtlich im Laufe der Zerfurchung eines vorher vorhandenen Rumpfflächenreliefs entstanden (Kehltäler).

Etwa das zum Nyasa See (Ostafrika) gerichtete Talsystem des Ruhuhu ist ein solches System von Kehltälern. Bei Likumburu (Lukumburu) ist es steilflankig mehr als 300 m tief und ohne Flußerosionsterrassen in das tiefgründig zersetzte Kristallin des um 1500 m gelegenen Rumpfflächenlandes südöstlich von Njombe eingearbeitet. Die Flüsse haben trotz der steilen Talflanken ziemlich breit muldenförmige Talgründe und führen Sand als gröbste Flußfracht. Was in diesem Gebiet vor sich geht, wird schwerlich anders denn als Zerstörung der genannten Rumpffläche zu deuten sein.

Betrachtet man nun oberste Verzweigungen solcher Kehltalsysteme, wie sie zum Beispiel südlich Songea im Kristallin des Rumpfflächengebiets am obersten Ruvuma bei etwa 1200 m Höhe zu finden sind, so trifft man langgestreckte, flachmuldenförmige Hohlformen mit einem Bachbett im Grunde, die sich nur dadurch von Büdels Spülmulden unterscheiden, daß die Neigung der sanften Begleitböschungen des Muldengrundes gegen eben diesen Muldengrund hin leicht zunimmt. Anscheinend erfolgt hier die Tieferlegung des Muldengrundes etwas rascher als die der Tributärböschungen. Danach wären diese Formen nach Büdels Auffassung Täler. Es ist aber manchmal wegen nicht sehr deutlicher Merkmale schwer, bei solchen Formen zu entscheiden, ob sie nun im Sinne von Büdel Täler oder Nicht-Täler sind. Ja, es gibt Örtlichkeiten, in denen streckenweise die eine Flanke der gleichen Hohlform im Sinne von Büdel die Merkmale einer Spülflanke, die andere jene einer Talflanke trägt zum Beispiel im Durchbruchstal des Großen Ruaha durch die Iringa Scholle.

Endlich ist zu erwägen, daß es auch Fälle geben wird, in denen die klimatisch bedingte Gesteinsaufbereitung so beschaffen ist, daß die Leistungsfähigkeit der Flächendenudation und jene der Tiefenerosion der Flüsse schon durch kleine Änderungen eines der zusätzlich mitbeteiligten Faktoren entweder nach der einen oder anderen Seite das Übergewicht erlangen kann, so daß das Übergewicht auch von Ort zu Ort wechselt. In solchen, ebenso wie in den vorher durch Regionalbeispiele angedeuteten Fällen wäre zum mindesten erst eine Spezialuntersuchung nötig, um die Frage ob Tal oder Nicht-Tal im Sinne von Büdel zu entscheiden. Ob es zweckmäßig ist, den vielgebrauchten Begriff „Tal" in dieser Weise neu festzulegen, darf stark bezweifelt werden.

Das Ergebnis des Vorausgegangenen läßt sich wie folgt zusammenfassen: Die Abtragungshohlformen mit konvergierend-linearem Abflußsystem stellen eine der Entstehungsweise nach scharf umrissene Formengemeinschaft dar. Über die Zugehörigkeit oder Nicht-Zugehörigkeit zu ihr kann in jedem Falle nach einfachen, doch grundlegenden geomorphologischen Kriterien entschieden werden. Diese Abtragungshohlformen weisen immer Sammelstränge des Abflusses, das heißt Erscheinungen dominierender Linearerosion des fließenden Wassers auf, ferner voll entwickelte Tributärböschungen dieser Abflußsammelstränge und Anfangsstränge des Abflusses (Initialerscheinungen der fluvialen Linearerosion), sowie gegebenenfalls deren unvollständig entwickelte Tributärböschungen. Diese Formenelemente sind unabhängig von der Steil- oder Flachheit des Reliefs durch stets gleichartige gegenseitige Gefällsbeziehungen miteinander verbunden.

Die Abtragungshohlformen mit konvergierend-linearem Abflußsystem umfassen erstens jene Hohlformen, die in der Geomorphologie seit langem ohne Meinungsverschiedenheit als Täler bezeichnet werden, nämlich diejenigen, die vom Betrachter ohne Schwierigkeit als mit gleichsinnigem Gefälle und mit einem Bach- oder Flußsystem ausgestattete Einschnitte in ein genügend über den Meeresspiegel sich erhebendes Gelände erkannt werden können. Abtragungshohlformen mit konvergierend-linearem Abflußsystem beherrschen aber auch, wie genaueres Beobachten zeigt, in überaus flacher Ausbildung das intakte Rumpfflächenrelief der wechselfeucht-humiden Tropen.

Solches auf Grund damals bekannter Zusammenhänge erschließend, haben A. Penck (1894, Bd. II, S. 58, 59, 85) und besonders A. Philippson (1924, II. Bd., 2. Hälfte, S. 143) in Übereinstimmung mit Gedanken von K. G. Gilbert und W. M. Davis die überflachen Abtragungshohlformen eines von Flüssen durchzogenen Rumpfflächenreliefs (Peneplain) bereits zu jener Zeit ausdrücklich den Tälern zugerechnet. Die nunmehr für die Abtragungshohlformen mit konvergierend-linearem Abflußsystem weiter entwickelte Analyse der erwähnten, ganz allgemein geltenden Gefällsbeziehungen zwischen deren Formenelementen hat deutlich gemacht, daß innerhalb des Abtragungsmechanismus, der solche Hohlformen schafft, immer und immer in gleicher Weise reibungsverschiedene Komponenten zusammenwirken, unabhängig von der Steilheit oder Flachheit des Reliefs. Dadurch wird die von den alten Geomorphologen bereits vorgenommene Verallgemeinerung des Talbegriffs erneut bestätigt und zugleich nahegelegt, den Begriff „Tal" überhaupt mit dem deutlicher umrissenen Begriff, „Abtragungshohlform mit konvergierend-linearem Abflußsystem" gleichzusetzen. Die fundamentale geomorphologische Bedeutung dieser großen Formenkategorie bleibt jedenfalls bestehen, gleichgültig ob man dem hier gemachten Definitionsvorschlag zustimmt oder nicht.

Freilich gibt es innerhalb dieser klar abgegrenzten großen Formengemeinschaft sowohl quantitativ, nach den Neigungswinkeln des Reliefs, wie qualitativ, nach der relativen Bedeutsamkeit der für die Reliefgestaltung wichtigen Faktoren, sehr mannigfaltige Untertypen. Doch alle diese sind durch gleitende Übergänge mit einander verbunden, sind nur ungefähr, nicht eindeutig gegeneinander abzugrenzen. Die betreffenden Merkmale sind daher als Kriterien für eine brauchbare Unterscheidung zwischen „Tal" und „Nicht-Tal" ungeeignet.

Wahrscheinlich war es die übergroße Flachheit der Abtragungshohlformen mit konvergierend-linearem Abflußsystem, die sich im Gebiet der wechselfeucht-humiden tropischen Rumpfflächen einstellt, welche lange Zeit dazu verleitet hat, die vorhandenen Hohlformen nicht sehr genau zu beachten, in der Annahme, sie seien zum Verständnis für den Gang der dortigen geomorphologischen Entwicklung nebensächlich. Die folgenden Abschnitte dürften zeigen, daß solche Annahme ungerechtfertigt ist.

9. Abtragungsflachrelief mit konvergierend-linearem Abflußsystem oder mit vagierenden Abflußbahnen

Zunächst ist es nötig auf grundsätzliche Unterschiede der Form und der Entstehungsweise hinzuweisen, die innerhalb der sogenannten Flächenbildungszone der Warmklimate bestehen. In ihren humiden bzw. semihumiden Bereichen gibt es ein Abtragungsflachrelief mit konvergierend-linearem Abflußsystem. Für die Abtragungsverebnungen der semiariden bis ariden Gebiete sind vagierende Abflußbahnen kennzeichnend. Da die genannten hygrischen Klimabereiche räumlich aneinandergrenzen, sich auch mannigfaltig verzahnen und da sie überdies langfristig große Grenzverschiebungen erlitten haben, so kommen im heutigen Formenbilde zweifellos nicht selten Kombinationen und Überlagerungen dieser Grundtypen der Flächenbildung vor. Beim gegenwärtigen Stand der Kenntnis erscheint es jedoch möglich, die klimatisch bedingten Hauptunterschiede der Flächenbildung, die in den beiden hygrischen Klimabereichen auftreten, deutlich zu machen.

Über das Flachrelief der semiariden und ariden Warmklimate liegen von deutscher Seite vor allem von H. Mensching, der auch eingehend mit französischen Gelehrten über den Gegenstand diskutiert hat (1958, 1968, 1970 a und zusammen mit G. Gießner und G. Stuckmann 1970 b), ferner von W. Meckelein (1959), von J. Hövermann (1963, 1967), von H. Hagedorn (1967) allgemeine Äußerungen vor. Danach werden zwar in den genannten Klimabereichen, soweit sie wasserundurchlässige Gesteine und Gebirgsrelief besitzen, zumeist Abtragungshohlformen mit konvergierend-linearem Abfluß ausgebildet, ähnlich wie im humiden Bereich auch. Nur ist die Ziselierung der Oberflächen wegen der Dürftigkeit des Pflanzenwuchses gewöhnlich schärfer. Es herrschen überwiegend steile Kerbtal- und Runsenformen. Auf wasserdurchlässigen Gesteinen sind entsprechend abgewandelte Formen entwickelt.

Doch zum Unterschied von den humiden und semihumiden Gebieten setzen sich im ariden und semiariden Gebiet die Formen der dominierenden Linearerosion des Fließwassers mit konvergierenden Abflußsammelsträngen und sie begleitenden Tributärböschungen in der Regel nicht, auch nicht in abgeflachter Ausbildung, bis zum Beginn der Räume definitiver Fluvialablagerung fort. Vielmehr schaltet sich in den semiariden und ariden Gebieten zwischen den Gebirgsrand und die, als abflußlose oder abflußgeminderte Becken ausgebildeten Räume der definitiven Fluvialakkumulation gewöhnlich eine Zone ein, in welcher flaches, aber nicht in Flachhohlformen gegliedertes Abtragungsrelief auftritt. In diesem sind vielmehr über dünner, oft lückenhafter Alluvialdecke vagierende, anastomosierende Abflußbahnen entwickelt. Sie sind überwiegend nur mit der Tiefe des Hochflutbettes in das Flachgelände eingearbeitet. Dieses besteht unter dem dünnen Alluvialschleier aus anstehendem, oft nicht allzu festem, manchmal aber auch sehr widerständigem Gestein. Die Verebnungsfläche böscht sich mit geringem Gefälle gegen das anschließende Akkumulationsbecken ab.

Bei Hochwasser werden die Abflußrinnen randvoll, ja sie ufern weithin aus, wobei die Überschwemmungsfluten bei ihrer Abflußbewegung nur teilweise gegen die gleiche Abflußrinne, aus der sie von weiter oberhalb kommen, wieder zurückfließen, sondern wo sie vielfach auf der flachen Gesamtböschung auch divergieren bzw. vagieren. Dabei entstehen die im einzelnen meist flach kegelförmigen Abtragungsverebnungen (rock fan) des Anstehenden und die genannte dünne Alluvialdecke. Mit der Kegelspitze gegen den Gebirgsrand weisend, reihen sich größere und kleinere derartiger Flachkegelflächen zu einer Saumzone von Verebnungen längs des Gebirgsrandes.

Nicht selten sind besonders im semiariden Bereich die gebirgsnahen Teile dieser Saumzone der Verebnungen durch besonders kräftige Abflußstränge, die aus dem Gebirge kommen, etwas zerschnitten. Es sind dann in der Saumzone der Verebnungen vor dem Gebirgsfuß Terrassen entwickelt. Doch die Relativhöhe dieser Terrassen verringert sich gewöhnlich mit zunehmendem Abstand vom Gebirgsrande bald auf null.

Abtragungsverebnungen der beschriebenen Art sind in der amerikanischen Literatur seit langem als Pedimente bezeichnet worden. Für die entsprechenden Formen über wenig widerständigem Anstehendem hat sich der französische Ausdruck Glacis eingebürgert, und da in diesem Falle Zerschneidung und Terrassenbildung am oberen Saum besonders häufig ist, spricht man auch von Glacis Terrassen bzw. Glacis-System.

Die alte, besonders von D. W. Johnson (1932) vertretene Deutung der Entstehung dieser Formen durch Lateralerosion beim Pendeln der Flüsse unterhalb ihres Austritts aus dem Gebirgsrelief hat sich als nur für einzelne Fälle zutreffend bzw. ausreichend erwiesen. Der meist auffällig scharfe Rand zwischen dem Kerbrelief des Gebirges und der über mehr oder weniger widerständigem Anstehendem verebneten Fußregion geht offenbar auf die Besonderheiten des Abtragungsmechanismus zurück, welche sich bei gelegentlichen Starkregen in Trockengebieten ohne oder mit sehr spärlichem Pflanzenwuchs ergibt (Tuan, Yi-Fu 1959).

Wir stimmen hiernach H. Mensching (1968 S. 65. 1970 a S. 115 ff, bes. S. 118 und Mensching u. a. 1970 b Sudan Sahel Sahara S. 41) darin zu, daß hier Leitformen einer morphologischen Entwicklung vorliegen, die zur Flächenbildung führt, soweit seine Ausführungen die ariden und semiariden Gebiete betreffen. (H. Louis 1968 S. 154 ff). Hier gibt es im Bereich der Abtragungsverebnungen in der Tat meistens oder sogar durchweg keine Abtragungshohlformen mit konvergierend-linearem Abflußsystem. Es fehlt also die Aufgliederung dieses Flachreliefs in Abflußsammelstränge und in merklich stärker geneigte Böschungen der Spüldenudation, die jenen jeweils tributär sind. Es fehlen damit die Konkavitäten, die für die inneren Partien der Spülmulden kennzeichnend sind. Es fehlen auch entsprechende Ansätze zur Talhangbildung.

Kennzeichnend für die Pedimente und Glacis sind vielmehr die flachen Konvexitäten der kegelförmigen Abtragungsverebnungen. Die hierbei an der seitlichen Grenze der jeweils benachbarten Kegeloberflächen andeutungsweise vorhandenen Tiefenlinien verlaufen dann nicht zwischen von beiden Seiten her tributären Denudationsböschungen, sondern sie bezeichnen die Nahtstelle zwischen den etwas verschieden geneigten Bettfluren benachbarter, vagierender Abflußstränge. Man muß daher die durch flach kegelförmige Abtragungsverebnungen gekennzeichnete Saumzone vor dem Fuß höher aufragenden Gebirgsreliefs in den semiariden bis ariden Bereichen morphodynamisch als einen Formentyp auffassen, der den Flußbetten, nicht den Talgefäßen verwandt ist.

Man kann diesen Typ des Abtragungsreliefs mit Mensching als morphodynamisch selbständig und als unmittelbare Ausgleichsfläche zwischen Hoch und Tief in den semiariden bis ariden Gebieten der Flächenbildungszone der Erde bezeichnen, wenn man damit sagen will, daß eine Aufgliederung des Reliefs in Sammelstränge des Abflusses und in merklich stärker geneigte Denudationsböschungen, die jenen tributär sind, daß also talartige Formung in diesem Flachrelief fehlt.

Hier besteht jedoch ein wesentlicher Unterschied gegenüber dem intakten Rumpfflächenrelief der wechselfeucht humiden bis semihumiden Tropen, mindestens soweit dieses Relief keine festen Lateritkrusten aufweist. In diesem Rumpfflächenrelief besteht, wie am Beispiel von Mittel- und Süd Tanzania gezeigt wurde (H. Louis 1964) der Untergrund aus intensiv, aber nicht notwendig mehr als wenige Meter tief zersetztem Gestein. Dabei ist die Oberfläche bis ins kleinste in Abtragungshohlformen mit konvergierend-linearem Abflußsystem samt den zugehörigen, hier sehr flachen Tributärböschungen der Abflußsammelstränge aufgegliedert. In diesem Flachrelief gibt es praktisch kein Flächenstück, welches nicht eindeutig zur Tributärböschung eines bestimmten Abflußsammelstranges gehört. Auch die sanft nach aufwärts an Neigung bis auf mehrere Grade zunehmenden Fußflächen, welche die Sockel der Inselberge bilden, sind noch durch sanft konkave Spülmuldenanfänge und durch zwischen diesen vom Inselbergfuß her ausstrahlende Ansätze von sehr sanft konvexen Spülscheiden vollständig in das System der Tributärböschungen der nach abwärts anschließenden Spülmuldentäler, also von Sammelsträngen des Abflusses einbezogen. Diese Abtragungshohlformen sind daher nichts anderes als die Anfangsformen überflacher Täler. Solche Formenkomplexe hat H. Mensching (1970 a) bei seinen Beobachtungen im nördlichen Tanzania, wo seiner Darstellung nach (bes. Abb. 2, S. 116) offensichtlich ein Rumpfflächenrelief mit beginnender Zertalung durch Kehltäler vorliegt, anscheinend nicht näher kennen gelernt.

Auch durch die mit lateritischen Eisenpanzern überzogenen, sehr alten Rumpfflächen der südlichen Sudanzone Westafrikas (H. Mensching u. a. 1970 b, S. 47 f) und ihr Verhältnis zu den dortigen jüngeren Verebnungen in tieferem Niveau wird wohl nicht der einfachste Fall der Neubildung von Rumpfflächen gekennzeichnet. Doch stimmen wir mit Mensching, wie bereits (H. Louis 1964) ausgeführt wurde, darin überein, daß in den humid bis semihumid wechselfeuchten Tropen die Ausweitung der Talsysteme den Ansatz für die Flächenbildung tieferer Abtragungsniveaus bildet. Wahrscheinlich kommt es auch vor, daß bei solcher Entwicklung schließlich die flachen Talhänge zu morphodynamisch selbständigen Spülflächen (im Sinne von Mensching) werden, das heißt, zu Flächen, die nicht mehr durch linienhaftes Eintiefen einzelner Abflußstränge mit Tributärböschungen weitergebildet werden (für dies alles H. Mensching u. a. 1970 b, S. 47 f). Wir meinen hierzu, daß dies insbesondere unter dem Einfluß von Klimaänderungen, die in Richtung auf Aridität verlaufen, möglich ist.

Jedoch eine in der Flächenbildungszone der Erde gleichsam zwangsläufig immer zur Ausbildung von morphodynamisch selbständigen Ausgleichsflächen zwischen Hoch und Tief (im Sinne von Mensching) führende Entwicklung des Reliefs kann aus solchen Vorkommen gewiß nicht erschlossen werden. Denn die unzweifelhaft als Tributärböschungen von Abflußsammelsträngen gebildeten Rampenhänge der Spülmulden und Spülmuldentäler im intakten Rumpfflächenrelief des mittleren und südlichen Tanzania sind weithin noch erheblich flacher (10 bis 20 ‰ = 1/2° bis gut 1°) als die von Mensching u. a. (1970 b, S. 47) für seine morphodynamisch selbständigen Spülflächen angegebenen Gefällswerte (2°–6°). Die vorher genannten stellen daher sicher nicht Vorstadien solcher „morphodynamisch selbständiger Spülflächen" dar. Sondern sie sind Tributärböschungen von konvergierend-linearen Abflußbahnen noch bis weit unter jene Gefällswerte hinunter geblieben, bei denen in semiariden und ariden Gebieten längst flach-kegelförmige Verebnungen des Anstehenden vor dem Fuß der Gebirgsaufragungen zum hervorstechenden Merkmal des Flachreliefs geworden sind. Wir möchten daraus den Schluß ziehen, daß die Flachreliefbildung (Flächenbildung) im semiarid-ariden Bereich einerseits und im semihumid-humiden andererseits verschieden verläuft. Im erstgenannten Bereich sind flach-kegelförmig-konvexe Abtragungsoberflächen (Pedimente Glacis) als Folge der Gestaltung durch vagierende Abflußstränge des fließenden Wassers besonders kennzeichnend. Auf intakten Rumpfflächen der semihumid-humiden Gebiete aber überwiegen sehr flach konkave Muldungen und, soweit nicht Inselberge aufragen, sehr flach konvexe Schwellen (Spülscheiden). Diese Formen bilden ein überaus flaches aber bis ins Kleinste durchgebildetes Netz von Abtragungshohlformen mit konvergierend-linearem Abflußsystem. Indem deutlich wurde, daß darin überflache Täler zu sehen sind, die Pedimente bzw. Glacis der semiarid-ariden Gebiete aber morphodynamisch Verwandte der Flußbetten darstellen, ergibt sich hier eine geomorphologisch im Prinzip eindeutige Abgrenzung der überflachen Abtragungshohlformen mit konvergierend-linearem Abflußsystem auch im extrem flachen Relief gegen die Abtragungsverebnungen mit vagierendem Abfluß.

Diese Abgrenzung ist freilich in der Natur aus einsehbaren Ursachen oft nicht scharf. Wegen der langdauernden Klimaänderungen, die diese Gebiete immer wieder erfahren haben, weisen weite Teile wahrscheinlich Kombinationen bzw. Überlagerungen der beiden klimatischen Grundtypen der Flächenbildung auf. Dies gilt umso mehr, als einmal geschaffene Verebnungsflächen im Schwerefeld der Erde naturgemäß geomorphologisch besonders stabil sein und daher bevorzugt zu traditionaler Weiterbildung neigen müssen. Nur wo solche Flachreliefs nach genügender Heraushebung wegen geeigneter klimatischer und petrographischer Gegebenheiten besonders starker Zertalung ausgesetzt sind, tritt eine gründlicher durchgreifende Umwandlung der Formen ein.

Dafür liefern besonders die humiden Mittelbreiten und Subtropen, von deren Kenntnis die Geomorphologie einst ausging, überzeugende Beispiele. Vielleicht ist hierin ein Grund dafür zu suchen, daß die feinen, aber physikalisch bedeutsamen Formverschiedenheiten innerhalb der „Flächenbildungszone" so lange Zeit wenig gewürdigt worden sind.

10. Volum-Vergleiche von Abtragungshohlformen mit konvergierend-linearem Abflußsystem in starkem und in sehr flachem Relief

Aber schon Volum-Vergleiche von Abtragungshohlformen in starkem und in sehr flachem Relief zeigen, daß diese Formen allein schon wegen ihrer Größe auch im Flachrelief keineswegs zu vernachlässigen sind. Das Volumen einer mit linearer Abflußbahn und mit gleichsinnigem Gefälle ausgestatteten Hohlform ist am einfachsten mit Hilfe von Querschnitten quer durch die betreffende Hohlform zu ermitteln bzw. zu beurteilen. Ein solcher Querschnitt q ist, wenn d den Abstand der beiderseitigen Wasserscheiden im betrachteten Querprofil bezeichnet, wenn h den Höhenunterschied zwischen Wasserscheide und Tiefenlinie, das heißt die relative Wasserscheidenhöhe bedeutet, wenn die Begleitböschungen der Tiefenlinie der Hohlform zur Vereinfachung der Rechnung als ebenflächig und beiderseitig symmetrisch angenommen werden und wenn n die in ‰ ausgedrückte Neigung der Begleitböschungen darstellt $q = \frac{d}{2} \cdot h$, wobei gleichzeitig zwischen d und h die Beziehung $h = \frac{d}{2} \cdot n$ oder $\frac{d}{2} = \frac{h}{n}$ besteht. Es ist also auch $q = \frac{h^2}{n}$ oder $h^2 = q \cdot n$.

Hieraus wird deutlich, daß die Querschnittsfläche einer Hohlform der angegebenen Art sich mit dem Quadrat ihrer relativen Wasserscheidenhöhe (Hohlformtiefe) h ändert, wenn der Neigungswinkel der beiderseitigen Böschungen der gleiche bleibt. Zweitens: Bei gleich bleibendem Querschnitt wird eine einfache Änderung der Hohlformtiefe h durch eine umgekehrt proportionale Änderung der Wasserscheidendistanz d von doppeltem Ausmaß kompensiert. Endlich: Bei gleich bleibender Hohlformtiefe h ändert sich die Querschnittsfläche umgekehrt proportional zu der in ‰ ausgedrückten Neigung der beiderseitigen Böschungen. Es ist hiernach zum Beispiel der Querschnitt und damit auch das ausgeräumte Volumen einer Abtragungshohlform mit linearer Abflußbahn von 30 m Tiefe und Tributärböschungen von ungefähr 20 ‰ oder gut 1°, wie sie in den intakten Rumpfflächenlandschaften der wechselfeuchten Tropen sehr häufig sind, etwa 5 bis 10 mal so groß wie das Volumen der 30 bis 50 m tiefen Tälchen zum Beispiel des niederbayerischen Tertiärhügellandes, deren asymmetrische Böschungen zwischen um 100 ‰ (~5°) Neigung auf der Flachseite und um 300 ‰ (~15°) Neigung auf der Steilseite aufweisen.

Das Inntal als ein doch wohl besonders großes Tal der Alpen hat oberhalb und unterhalb von Innsbruck, nämlich zwischen dem First des Mieminger Gebirges im Norden und dem Hocheder im Süden bzw. zwischen dem First der Solsteinkette im Norden und dem Glungezer im Süden einen Wasserscheidenabstand von etwa 12 km und eine Tiefe von 2,1 bis 2,2 km. Der auf geradlinige Talflanken vereinfacht gedachte Talquerschnitt ist also etwa 6 × 2,15, das heißt um 13 km², der tatsächliche sicher unter 15 km² groß. Beim Inntal erscheinen die beiderseits begrenzenden Kettenfirste in etwa 6 km Abstand vom Fluß unter einem Neigungswinkel von um 350 ‰ (~19°).

Das Beispiel einer wirklich großen Abtragungshohlform des Rumpfflächenreliefs bietet der Ruvuma im südlichen Tanzania. Hier erheben sich zwischen Manyoli in rund 60 m Höhe, etwa 135 km oberhalb der Mündung des Flusses in den Indischen Ozean, und Masaguru in rund 160 m Höhe, etwa 230 km oberhalb der Ruvumamündung, die von beiden Seiten unmittelbar gegen das Hochwasserbett des Flusses abgedachten Begleitböschungen auf 5 bis 10 km Entfernung vom Fluß um etwa 100 m, das heißt mit 10 ‰ bis 20 ‰ Neigung. Der Fluß selbst hat im Mittel rund 1 ‰ Gefälle. Der Querschnitt dieser sehr flachen Eintiefung in den Kristallinsockel des Gebiets beträgt hiernach zwischen 5 km × 0,1 km = 0,5 km² und 10 km × 0,1 km = 1,0 km². Das ist zwar nach dem Vorhergehenden weit weniger als vom Querschnitt großer Alpentäler erreicht wird.

Vergleicht man aber das Rheindurchbruchtal im Schiefergebirge bei Trechtingshausen unterhalb von Bingen, das heißt an derjenigen Stelle, an der die unmittelbar zum Flusse abfallenden Begleitböschungen die größte Höhe erreichen, so ergibt sich bei einer Talbreite (d) von etwa 3 km, einer Flußhöhe von etwa 80 m und einer Oberkante der Begleitböschungen von etwa 580 m ein Talquerschnitt von 1,5 km mal 0,5 km = 0,75 km². Das heißt, die Querschnitte eines besonders großen Tales außertropischer Mittelgebirge und der sehr flachen aber breiten Furche des Ruvuma im Rumpfflächengebiet sind von etwa gleicher Größenordnung.

Der Volumvergleich fällt sogar weit mehr zu Gunsten des Ruvuma aus, wenn man jeweils nicht lediglich das Volumen der unmittelbar zum Hauptflusse hin abgedachten Hohlform betrachtet, die man auch als die „im engeren Sinne" zum Flusse gehörige Abtragungshohlform bezeichnen kann, sondern wenn man die „im erweiterten Sinne" zum Flusse gehörige Abtragungshohlform vor Augen hat.

Dies wäre jene weit größere Hohlform, die in einem betrachteten Flußabschnitt von der umrahmenden Wasserscheide aller im wesentlichen auf den Hauptfluß hin gerichteten größeren Nebenflüsse umgeben wird, und deren Boden aus den Begleitböschungen aller dieser Flüsse und ihrer kleineren Zuflüsse besteht. Anders ausgedrückt, die zu einem Flusse gehörige „Abtragungshohlform im erweiterten Sinne" wäre hiernach diejenige, die sich aus der Summe aller „Abtragungshohlformen im engeren Sinne" des Hauptflusses und seiner Nebenflüsse im betrachteten Flußabschnitt ergibt, soweit diese Nebenflüsse in ihrer Richtung als anlagemäßig überwiegend vom Hauptflusse her gesteuert (vgl. Abschnitt 10) angesehen werden können.

Dagegen bilden etwaige Teile eines Flußnetzes, in denen der dortige größte Fluß dem Hauptfluß des betrachteten Systems parallel oder gar von ihm fort gerichtet ist, ohne Zweifel die Entwässerungsadern eines in der Anlage ursprünglich gesonderten Abdachungssystems. Hierbei ist es unerheblich, ob das bedeutendste Gewässer dieses einst gesonderten Abdachungssystems sich weiter abwärts irgendwo mit dem Hauptfluß des betrachteten Systems vereinigt oder nicht.

Für die Ermittlung der zu einem bestimmten Flußabschnitt gehörigen „Abtragungshohlform im erweiterten Sinne" sind jedenfalls nur solche Teile des betreffenden Flußsystems heranzuziehen, in denen die größeren Entwässerungsadern im ganzen auf den Hauptfluß des Abschnitts zu gerichtet sind. Denn eben darin drückt sich aus, daß dort wirklich bereits durch lange Zeiten eine vom Hauptfluß her wesentlich mitgesteuerte und damit „im erweiterten Sinne" ihm zugehörige Hohlformbildung stattfindet.

Als ersten Annäherungswert für den Volumvergleich von Abtragungshohlformen, die im erweiterten Sinne einem großen Fluß zugehörig sind, nehmen wir, ebenso wie für den Volumvergleich unter den im engeren Sinne Flüssen zugehörigen Hohlformen, den nach oben wie nach unten geradlinig begrenzt gedachten Querschnitt der Hohlform zwischen den beiderseitigen Wasserscheiden und dem Hauptfluß. Es ist nur darauf hinzuweisen, daß die so bestimmten Querschnitte in Relieftypen mit überwiegend konkaven Formen, wie zum Beispiel in den Gebieten intakter Rumpfflächen meist kleiner sein müssen als die wirklichen Querschnitte, daß dagegen die so bestimmten Querschnitte in Reliefs mit überwiegend konvexen Landformen eher größer sein müssen als die wirklichen Querschnitte.

Der Querschnitt der Abtragungshohlform im Kristallin, die im erweiterten Sinne dem Ruvuma zugehörig ist, zwischen der Wasserscheide zum Lukuledi bei Masasi (400–420 m hoch), dem Ruvuma an der Mbangala Mündung (110 m hoch und 195 km oberhalb der Mündung in den Indischen Ozean) und dem Wasserscheidengebiet (um 400 m hoch) gegen den Msalu östlich von Nacaca in Portugiesisch Ostafrika (Abstand der beiden Wasserscheiden $d = 100$ km) beträgt nach dem vorher angegebenen Bestimmungsverfahren rund 50 km mal 0,3 km = 15 km^2. Er ist aber wegen der überwiegend konkaven Geländeformen in Wirklichkeit eher größer.

Der Querschnitt im erweiterten Sinne des Rheindurchbruchstales im Schiefergebirge an einer besonders tiefen und zugleich durch weit vom Flusse abgerückte Wasserscheiden der zum Flusse hin gerichteten Bäche besonders breiten Stelle zum Beispiel bei Oberwesel besitzt zwischen dem Hochwald westlich von Oberwesel und dem Rücken von Rettersheim im Osten eine Breite von etwa 15 km und eine Tiefe von etwa 430 m. Bei ebenflächig gedachten Talflanken würde das eine Querschnittsfläche von 7,5 mal 0,43 = 3,25 km^2 ergeben. Wegen der ausgesprochenen Konvexität der Talflanken ist der wirkliche Querschnitt aber merklich kleiner.

Der Volum-Vergleich der „im erweiterten Sinne" zum Fluß gehörigen Abtragungshohlform zwischen dem Ruvuma und dem Rhein ergibt also ein vielmals größeres Volumen für die im Rumpfflächengebiet ausgearbeitete Hohlform, als sie der Rhein aufzuweisen hat. Die so bestimmte Hohlform des Ruvuma ist sogar von ähnlicher Größenordnung wie die des Inntales oberhalb von Innsbruck. Denn zwischen Mieminger Gebirge und Hocheder ist wegen des hier vorhandenen Parallelverlaufs des Inntals und seiner größeren Neben- bzw. Nachbartäler die Abtragungshohlform des Inntales „im engeren Sinne" nicht viel kleiner als seine Abtragungshohlform „im erweiterten Sinne".

Aus diesen Volumverhältnissen der Abtragungshohlformen mit linearem Abflußsystem, mag man sie „im engeren" oder „im erweiterten Sinne" fassen, wie sie im intakten Rumpfflächenrelief der Tropen einerseits und in tief durchfurchten Tälerlandschaften andererseits entwickelt sind, geht jedenfalls hervor, daß es nur die halbe Wahrheit ist, wenn man im Rumpfflächenrelief lediglich von Flächenbildung und von Flächenrelief spricht. Vielmehr ist es nötig zu beachten, daß in diesem Relief trotz des Eindrucks großer, fast ebener Flächen in Wirklichkeit Abtragungshohlformen mit konvergierend-linearem Abflußsystem vorliegen. Die kleinen unter ihnen sind überaus zahlreich und besitzen im allgemeinen weit größere Volumina als kleine Täler des gewohnten Tälerreliefs. Die großen Abtragungshohlformen des intakten Rumpfflächenreliefs mit linearem Abflußsystem weisen aber, wenn man sie „im engeren Sinne" auffaßt, mindestens ebenso große Volumina auf wie besonders große Täler des Mittelgebirgsreliefs der mittleren Breiten. Wenn man die Abtragungshohlformen „im erweiterten Sinne" bestimmt, so ergeben sich für das Rumpfflächenrelief sogar sehr viel größere Volumina der einzelnen Hohlform als es in den Tälerlandschaften der mittleren Breiten selbst bei besonders großen Tälern die Regel ist. Aus diesen Gründen ist es nicht ausreichend, im intakten Rumpfflächenrelief lediglich die großartige Flächenentwicklung zu sehen. Vielmehr gehören die, bei näherem Zusehen dort fast überall vorhandenen, sehr flachen Abtragungshohlformen mit konvergierend-linearem Abflußsystem schon allein ihrer Volum-Größe wegen zu den besonders zu beachtenden Formen dieser Gebiete. Das bringt sich derjenige am besten zum Bewußtsein, der diese gemäß dem allgemeinen Bildungsmechanismus der Täler entstandenen Hohlformen auch als Täler bezeichnet.

11. Anteil des Flußsystems an der Steuerung der Abtragung auch im Rumpfflächenrelief und an dessen Herausarbeitung

Niemand bezweifelt, daß in kräftig von Flüssen zerfurchtem Relief die Flüsse einen wesentlichen Anteil an der Steuerung der Abtragung haben, und zwar nicht nur dadurch, daß sie mit ihrer Eintiefung die Höhenlage der örtlichen Denudationsbasis bestimmen, sondern auch weil sie durch ihre Eintiefung örtlich die Leitrichtungen bestimmen, gegen die die Abtragung gelenkt wird. Es wurde schon erörtert (Abschnitt 8), daß der erstgenannte Steuerungseffekt auch im äußerst flachen Abtragungsrelief der intakten tropischen Rumpfflächen wirksam ist. Die Beachtung der in Abschnitt 4 dargelegten Neigungsverhältnisse der Tributärböschungen der Flüsse zeigt weiter, daß im Gegensatz zu gewissen abweichenden Annahmen in diesem ganz flachen Abtragungsrelief mit konvergierend-linearem Abflußsystem auch die Richtung, in welcher abgetragen wird, ebenfalls überall durch die Lage der örtlich vorhandenen Flußbetten, nämlich durch die lokalen Denudationsbasen bestimmt wird.

Diese örtliche Vollzugsrichtung der Abtragung stimmt keineswegs überwiegend mit der Richtung der Gesamtabdachung des Flußsystems überein. Denn, ebenso wie die kleineren Flüsse (kleinere Sammelstränge des Abflusses) sich meistens mit einem in der Horizontalen zwischen 45° und 90° messenden Einmündungswinkel in einen gleich großen oder größeren Fluß ergießen, ebenso sind die Tributärböschungen der Hauptflüsse gewöhnlich quer oder schief zur Hauptabdachung des Gesamtreliefs geneigt. Die Tributärböschungen der Nebenflüsse einmal, zweimal usw. geringeren Grades aber sind je nach den Einmündungswinkeln der betreffenden Flüsse ihrerseits nur mehr zum kleinen Teil überwiegend in Richtung der Hauptabdachung des Gebiets geneigt. Zum anderen sind sie quer bis schief, zu erheblichen Teilen sind sie sogar der Hauptabdachung der Landschaft entgegengerichtet. Die Vollzugsrichtung der flächenhaften Abtragung ist also auch in diesen Gebieten unmittelbar zu den winklig und oft sehr verwickelt verlaufenden Flußbetten (Sammelstränge des Abflusses) hin gesteuert. Das heißt, eine Steuerung der Abtragung erfolgt hier auch in der Horizontalrichtung durch das Flußnetz. Eine einfache Überlegung zeigt, daß im Gesamtdurchschnitt nicht viel mehr als ein Viertel aller Tributärböschungen des Flußnetzes in einer Rumpffläche überwiegend in Richtung der Hauptabdachung geneigt sein kann. Und sogar nur bei einem sehr kleinen Teil von ihnen setzt sich diese Böschung in gleicher Richtung wirklich bis zum unteren Rande der Rumpffläche fort. Nur bei diesem sehr kleinen Teil wird also der Fortgang der flächenhaften Abtragung ohne spezielle Mitwirkung des Flußnetzes unmittelbar durch die Hauptabdachung der Rumpffläche gesteuert.

Diese Tatsache wird anscheinend von manchen nicht richtig gesehen. Sonst könnte schwerlich behauptet werden, daß das Flußnetz für die Bildung und Weiterentwicklung keine andere Bedeutung habe als die, das von der Flächenspülung angelieferte Feinmaterial weiterzufrachten.

In Wirklichkeit ist der dargelegte Sachverhalt ein wichtiger Schlüssel um überhaupt zu verstehen, auf welche Weise in manchen Fällen bei geeigneten Klimabedingungen aus einem Relief kräftig eingetiefter Täler vergleichsweise rasch, das heißt etwa in einigen Jahrmillionen, nicht erst in Hunderten von Jahrmillionen, ein Rumpfflächenrelief entstehen kann. Es muß dazu vor allem die Verwitterung leicht verspülbares Feinmaterial reichlich hervorbringen. Außerdem müssen die Niederschläge dicht genug und der Wald gleichzeitig licht genug sein, um kräftige Flächenspülung entstehen zu lassen. Diese Voraussetzungen sind in einem wechselfeucht-humiden Warmklima am leichtesten erfüllt. In ihm können durch Flächenspülung von der örtlichen Wasserscheide her zum benachbarten Flußbett (Sammelstrang des Abflusses) hin vorher mäßig oder kräftig geneigte Hänge zu Flachböschungen erniedrigt werden, wenn gleichzeitig die Eintiefung des Flusses nur langsam vorangeht. Für dies letztere kann es an sich durchaus verschiedene Ursachen geben. Die bei solcher Entwicklung nötigen Flächenspültransporte an Feinmaterial bis zum nächsten Flußbett hin brauchen dann nirgends mehr als einige Kilometer, nicht mehrere Zehner von Kilometern weit zu reichen. Stärker verwitterungsbeständige Gesteinskörper oder Scheitelstellen des vorgegebenen Reliefs oder sonstige Vorzugspunkte können bei der flächenhaften Abtragung eine im Vergleich zur Nachbarschaft geminderte Erniedrigung erfahren. Wenn sie auf diese Weise so weit zu Erhebungen über ihre Umgebung angewachsen sind, daß auf ihnen die Verwitterungsdecke weniger mächtig ist oder weniger lange durchfeuchtet bleibt als in der tiefer gelegenen Nachbarschaft, dann beginnt Inselberg-Entwicklung (Büdels Grundhöcker und Schildinselberge). Denn zum Unterschied zu Erhebungen in den außertropischen Klimaten, werden die Flanken von Erhebungen von einer gewissen Steilheit an in den wechselfeucht-humiden Tropen wegen verringerter Durchfeuchtung deutlich verwitterungsbeständiger und damit widerständiger gegen die Abtragung. Am Fuße der Erhebungsflanken, an der Grenze gegen das gut durchfeuchtete Flachrelief vor dem Fuße setzen dann auch jene Erscheinungen ein, die Büdel sprachlich nicht sehr glücklich als subkutane Rückwärtsdenudation bzw. Seitendenudation bezeichnet hat.

Beispiele, die diesen Gang der Rumpfflächenentwicklung aus einem Berglandrelief in den verschiedensten Stadien deutlich machen, wurden aus den klassischen Rumpfflächengebieten des mittleren und südlichen Tanzania (H. Louis 1964) beschrieben. Sie lassen die große Bedeutung eines reich verzweigten Systems von Sammelsträngen des Abflusses für die Rumpfflächenbildung erkennen. Diese bestimmen durch ihren Verlauf die auf sie zulaufende Richtung der örtlichen Flächenspülung und durch ihre Netzdichte die Weglänge, über welche die feinen Verwitterungsmassen durch Flächenspülung transportiert werden müssen, ehe sie, wie weiter oben näher begründet, mit stark gemindertem Gefälle in den Lineartransport der Flüsse (Abfluß-Sammelstränge) eingehen.

Die Vorstellung, daß Flüsse bei der Entwicklung intakter Rumpfflächen der Tropen eine nur wenig bedeutende Rolle spielen, eine Rolle nur als Abfrachter des nach intensiver Feinverwitterung durch die Flächenspülung angelieferten Feinmaterials, dürfte angesichts der am Rande gegen höheres Land so häufigen, von Vorsprüngen und Dreiecksbuchten gegliederten Rumpfstufen entstanden sein. Die so skizzierten Erscheinungen sind in der Tat in Rumpfflächengebieten weit verbreitet und jene Deutung dürfte, abgesehen von der Tatsache, daß ausschließliche Abfrachtung durch Flüsse ohne Tieferlegung des Flußbetts nie einen Dauerzustand gleichartiger Abtragungsformen hervorbringen kann, in vielen Fällen örtlich anwendbar sein. Für die Gesamtvorstellung von der Entstehung der Rumpfflächen bietet sie dennoch nur eine Teileinsicht.

Auch jene intramontanen Ebenen in Gebirgs- und Hügelländern besonders der wechselfeuchten Tropen, die sich manchmal quer über mehrere, parallel entwickelte Flußgebiete hinweg fortsetzen, liefern nicht, wie zum Teil angenommen wird (H. Bremer, Vortrag Würzburg 1974) Kriterien gegen das Vorhandensein einer Steuerung der Abtragung durch die Flüsse. Sie zeigen nur, daß in Gebieten mit örtlich stark unterschiedlicher Verwitterungsintensität, welche in solchen Fällen petrographisch bedingt ist, die Flächenspülung über einem zu Feinmaterial zersetzten Untergrund viel rascher arbeitet als auf weniger verwitterungsanfälligen Gesteinen. Es hat dann manchmal örtlich quer zu den Flüssen eine starke Tieferlegung des Geländes gegen diese Flüsse hin stattgefunden, nach aufwärts bis zum Zusammenwachsen mit einem vom benachbarten Fluß her in entsprechender Weise entgegengearbeiteten Tieferlegungsbereich. Und solches hat sich unter Umständen bei mehreren parallel liegenden Flußgebieten in gleicher Weise ereignet. Die Gestaltung entspricht jener, die in den Außertropen gewöhnlich in den Subsequenz- bzw. Ausraumzonen wenig widerständiger Gesteine zu verzeichnen ist. Der Unterschied besteht allein darin, daß in den Außertropen die innerhalb solcher Ausraumzonen gewöhnlich vorhandenen Talwasserscheiden in der Regel auffälliger sind. Ausschlaggebend bleibt aber, daß auch intramontane Ebenen der Tropen, wenn sie quer über mehrere Flußgebiete hinweggreifen, gefällsmäßig nur scheinbar wirkliche Einheiten darstellen. Ihr Boden gliedert sich in Wahrheit in je zweimal so viele eindeutig verschiedene Abdachungen, wie Flüsse diese „Ebenen" queren, nämlich in je eine rechte und eine linke Tributärböschung jedes dieser Flüsse. Nur werden diese verschiedenen Abdachungen, weil sie im tropischen Spülflächenbereich unter diesen Umständen meist nur wenige ‰ geneigt sind, manchmal nicht als solche gewürdigt. Wie das mit den Naturgesetzen vereinbar sein soll, wird dabei nicht erörtert. In Wahrheit zeigen diese Abdachungsverhältnisse, daß die Abtragung auch hier von den Flüssen aus entscheidend mit gesteuert wird.

Alle hier genannten Sachverhalte sind jedenfalls zu verstehen, wenn man sich die Gleichartigkeit im Grundsätzlichen des Bildungsmechanismus von Abtragungshohlformen mit konvergierend-linearem Abflußsystem, das heißt der Talbildung, im steilsten wie im allerflachsten Relief vor Augen hält.

12. Hinweis auf alte Flußanlagen im Rumpfflächenrelief

Die großen Gebiete intakter tropischer Rumpfflächen sind ganz überwiegend in Bereichen bloßgelegter kristalliner Gesteine der Kontinentalsockel ausgebildet. Sie liegen vielfach in bedeutender Meereshöhe und mehrere bis viele hundert Kilometer vom Meere entfernt. Da ihre flachen Oberflächenformen fast ausschließlich Abtragungshohlformen mit konvergierend-linearem Abflußsystem sind, so folgt, daß, soweit diese Hohlformen nicht definitive Ablagerungen in flacher Schichtlagerung enthalten, die genannten Hohlformen bis zu den sie begleitenden Wasserscheiden hinauf im wesentlichen durch dauernde Abtragung unter Mitwirkung von Flußeintiefung geschaffen worden sind.

Es ist nun unmittelbar einleuchtend, daß während einer Abtragungsepoche, die nicht durch größere Aufschüttungsperioden unterbrochen wird, solange bei dieser Abtragung Flüsse überhaupt eine Rolle spielen, die Wasserscheiden der vorhandenen Flüsse, von bestimmten Ausnahmen abgesehen, ihre Lage nur sehr langsam ändern können. Strukturverhältnisse des Untergrundes, tektonische Kippung eines größeren Gebietes, auch klimatische Expositionsunterschiede können die Ursache für allmähliche, besonders seitliche Verlagerungen von Wasserscheiden sein.

Durchgreifende Änderungen der hydrographischen Zusammenhänge sind dagegen bei fortlaufender Abtragung an außergewöhnliche Voraussetzungen gebunden. Eine von diesen besteht bekanntlich bei Flußanzapfungen zwischen zwei sehr verschieden hoch gelegenen Flußsystemen, eine weitere wird zum Beispiel in Vergletscherungsgebieten durch Glazialerosion bei Transfluenz im Zuge hochreichender Gletscherfüllung in Abtragungshohlformen mit linearem Abfluß häufiger vorbereitet bzw. geschaffen. Solche Entwicklungen sind meist nachträglich auf lange Zeit noch gut nachweisbar. Im übrigen dürften aber in Abtragungshohlformen, selbst wenn im Laufe der Entwicklung die Höhenunterschiede in dem betreffenden Relief starke Änderungen durchmachen, die Wasserscheiden ihre Lage meist nur langsam und im wesentlichen nur durch mehr oder weniger große seitliche Verschiebung verändern. Schon eine Wasserscheide von nur etwa 20 m relativer Höhe gegenüber dem Normalniveau des Flusses, dessen Einzugsgebiet sie begrenzt, dürfte bei den auf der Erde gegebenen Niederschlagsverhältnissen, wenn sie sich in größerem Abstand von diesem Fluß befindet, vor seitlichem Überfließen durch gestautes Hochwasser fast überall so gut wie sicher sein.

Daraus ist zu folgern, daß zum Beispiel die zahlreichen Flüsse, welche von sehr hoch gelegenen Rumpfflächen auf den Randschwellen Afrikas ihren Ausgang nehmen und ungefähr geradlinig in viele Hundert km langem Lauf dem Meere zustreben, ein Erbe recht alter Abdachungsverhältnisse sind. Diese Flüsse queren gegenwärtig nicht selten mehrere Stufen, an denen Rumpfflächen gestaffelt übereinander liegen. Auf diesen Rumpfflächen selbst aber fließen sie mit dem Hochwasserspiegel vollkommen in deren Niveau. Der große Ruaha in Ostafrika zum Beispiel durchbricht sogar die zwischen zwei großen Rumpfflächengebieten 120 km breit und mit bis zu 1000 m relativer Höhe aufragende Iringa-Hochscholle. Er durchmißt dabei die oberhalb und unterhalb des Durchbruchs gelegenen Rumpfflächen, indem auch bei ihm stets das Hochwasserniveau auf die Flachböschungen der begleitenden Rumpffläche einspielt. Der Untergrund besteht hier überall aus kristallinen Gesteinen.

Hierbei ist es im ganzen höchst unwahrscheinlich, daß in dem gesamten heutigen Bereich intakter Rumpfflächen solcher Flußgebiete allezeit nur Rumpfflächen bestanden haben. Denn in den Einzugsgebieten dieser Flüsse gibt es außer Rumpfflächen, wie soeben ausgeführt wurde, nicht selten heute auch kräftig zertalte Bergländer. Außerdem besteht der Untergrund überwiegend aus stark gefalteten kristallinen Gesteinen. Dies macht es wahrscheinlich, daß einst bedeutende Höhenunterschiede in diesen Gebieten vorhanden gewesen sind.

Will man die Entstehung der ja existierenden, vielfach sehr langen Flußläufe und ihrer Einzugsgebiete verstehen, die vollständig in solchen Gebieten von zeitlich nachweisbar weit zurück reichender Abtragung liegen, und die zum Teil aus intakten Rumpfflächen, zum Teil aber auch aus zerschnittenen Bergländern bestehen, so wird man schwerlich ohne die Annahme auskommen, daß Rumpfflächen, ähnlich wie in Abschnitt 11 entwickelt, vergleichsweise rasch aus Bergländern hervorgehen können und umgekehrt. Den größeren Flüssen muß dabei als wichtigen Teilstrecken der örtlichen Denudationsbasis eine entscheidende Rolle in jener flächenhaften Abtragung zukommen, welche Teile des Einzugsgebietes zu Rumpfflächen wenig über dem Niveau jener örtlichen Denudationsbasis formt. Ebenso wird ersichtlich, daß die besonders langen und im ganzen die gleiche Richtung einhaltenden Flüsse solcher Rumpfflächengebiete mit großer Wahrscheinlichkeit jeweils auf eine sehr alte Anlage zurückgehen.

Es gibt auch andere Erscheinungen, welche andeuten, daß das Flußnetz der großen intakten Rumpfflächen alt angelegt ist. Sie bestehen in den zahlreichen, ja überwiegenden, im Grundriß spitzwinkligen Zusammenmündungen der größeren Flüsse und ihrer beiderseitigen Nebenbäche. Diese Art der Zusammenmündung kann nur in Ausnahmefällen durch Strukturgegebenheiten wie Kluft- oder Bruchsysteme vorgezeichnet sein. Klimatische Expositionsunterschiede oder eine Schollenkippung müßten einseitig differenzierend wirken. Unter den nicht in der Flußeintiefung selbst gelegenen Ursachen, die generell eine spitzwinklige Vereinigung von Flüssen begünstigen, könnte im Abtragungsbereich wohl nur die tektonische Einmuldung von Krustenteilen eine Rolle spielen. In den Längstalungen von Kettengebirgen dürfte diese Ursache in der Tat oftmals wirksam sein. Aber die Rumpfflächen befinden sich im allgemeinen im Bereich epirogenetischer Schollenbewegungen, und hier dürfte es absurd sein, zur Erklärung für eine Vielzahl spitzwinkliger Zusammenmündungen von Flüssen jeweils eine besondere tektonische Einmuldung anzunehmen.

Daraus ist zu schließen, daß das spitzwinklige Zusammenmünden größerer Bäche und Flüsse in intakten Rumpfflächen überwiegend als allgemeine Begleiterscheinung des allmählichen Eintiefens der Flüsse aufzufassen ist. Es dürfte daraus resultieren, daß am stromauf gelegenen Eck der Vereinigungsstelle ständig verschieden gerichtete Stromkörper der beiden Gewässer aufeinander treffen und dadurch gegenseitig das Walzensystem der Wasserbewegung, mit dem der Transport der Flußfracht bewältigt wird, stören. Dagegen am unteren Eck der Vereinigungsstelle ist bereits ein neues, durch die Summierung beider Wassermassen verstärktes System von Transportwalzen im vereinigten Fluß entstanden oder in Bildung begriffen. Daher besteht am oberen Eck der Vereinigungsstelle eine Tendenz zum Absetzen von Flußfracht, am unteren eine zu verstärktem Erosionsangriff auf die Wandungen des Flußbetts. Dies muß auf die Länge der Zeit eine langsame Flußabverlegung des Ortes der Zusammenmündung und damit ein Spitzwerden des stromauf gerechneten Einmündungswinkels bewirken.

Da ein bevorzugt spitzwinkliges Zusammenmünden der größeren Flüsse in einem Abtragungsrelief aus stark gefalteten Gesteinen ohne Rücksicht auf die Faltungsrichtung sicher nicht der Uranlage des betreffenden Flußsystems entspricht, und da andererseits die Entwicklung derartiger spitzwinkliger Mündungsstellen in einem Abtragungsrelief, wenn sie überwiegend als Begleiterscheinung der Flußeintiefung entstanden ist, sicherlich eine lange Bildungszeit erfordert, so sind die zahlreichen Vorkommen spitzwinkliger Flußzusammenmündungen in den Rumpfflächengebieten zweifellos Anzeichen dafür, daß die betreffenden Flußsysteme recht alt angelegt sind. Außerdem machen diese Erscheinungen deutlich, daß auch für Einzelheiten der Flußlaufrichtung in Rumpfflächen ebenso wie in kräftig zerschnittenen Reliefs eine steuernde Wirkung von der allmählichen Tieferlegung der Flüsse ausgeht.

Diese augenfälligen Anzeichen sehr alter Anlagen bei vielen sehr langen Flüssen im Rumpfflächengebiet werden erklärlich, wenn das Gemeinsame in den Abtragungshohlformen mit konvergierend-linearem Abflußsystem, das heißt in den Tälern, gleich welcher Tiefe oder Flachheit, eingesehen worden ist. Wer aber solche Rumpfflächen für etwas von überflachen Tälern grundsätzlich Abweichendes hält, und wer den Flüssen keine die Reliefentwicklung merklich steuernde Wirkung zuerkennen will, der dürfte es schwer haben, die Entstehung jener in gleicher Richtung überaus langen Flüsse verständlich zu machen.

Literatur

Bremer, H. 1971: Flüsse, Flächen- und Stufenbildung in den feuchten Tropen, Würzburger Geogr. Arb., Heft 35.

Bremer, H. 1974: Intramontane Becken-Flächenbildung im semihumiden und semiariden Klima. Vortrag, Deutscher Arbeitskreis für Geomorphologie, Würzburg, April 1974.

Büdel, J. 1958: Die Flächenbildung in den feuchten Tropen und die Rolle fossiler solcher Flächen in anderen Klimazonen. 31. Dt. Geogr. Tag. Würzburg 1957, Tag. Ber. u. Wiss. Abh. S. 89—121. Wiesbaden 1958.

Büdel, J. 1965: Die Relieftypen der Flächenspülzone Süd-Indiens am Ostabfall Dekans gegen Madras. Colloqu. Geogr. Bd. 8, S. 1—100, Bonn.

Büdel, J. 1969 a: Das System der klima-genetischen Geomorphologie. Erdkde Bd. 23, S. 165—183.

Büdel, J. 1969 b: Der Eisrinden-Effekt als Motor der Tiefenerosion in der exzessiven Talbildungszone. Würzburger Geogr. Arb. Heft 25, S. 1—41.

Büdel, J. 1970 a: Pedimente, Rumpfflächen und Rückland-Steilhänge, deren aktive und passive Rückverlegung in verschiedenen Klimaten. Z. f. Geomorph. N. F. 14, S. 1—57.

Büdel, J. 1970 b: Der Begriff Tal. Tübinger Geogr. Studien (Wilhelmy-Festschr.) H. 34, Sonderbd. 3, S. 21—32.

Büdel, J. 1971: Das natürliche System der Geomorphologie mit kritischen Gängen zum Formenschatz der Tropen. Würzburger Geogr. Arb. H. 34, S. 1—152.

Fränzle, O. 1968: Valley Evolution. in R. W. Fairbridge, Encyclopedia of Geomorphology, S. 1183—1189. New York, Amsterdam, London.

Fournier, F. 1962: Carte du danger d'érosion en Afrique au sud du Sahara. Carte 1 : 10 000 000 et Note explicative p. 1—11. Commission de Coopération technique en Afrique. Paris 1962.

Horton, R. E. 1932: Drainage basin characteristics. Am. Geophys. Union Trans. 13. S. 350—361.

Horton, R. E. 1945: Erosional development of streams and their drainage basins. Bull. Geol. Soc. Am. 56, S. 275—370.

Johnson, D. W. 1932: Rockplanes in arid regions. Geogr. Rev. Vol. 22, S. 656—665.

Hagedorn, H. 1967: Studien über den Formenschatz der Wüste an Beispielen aus der Südost Sahara. Dt. Geogr. Tag. Bad Godesberg, Tag. Ber. u. wiss. Abh. S. 401—411, Wiesbaden.

Hövermann, J. 1963: Vorläufiger Bericht über eine Forschungsreise im Tibesti Massiv. Die Erde. Jg. 94, H. 2, S. 126—135.

Louis, H. 1957: Rumpfflächenproblem, Erosionszyklus und Klimageomorphologie. (Machatschek-Festschr.), Pet. Mitt. Erg. H. 262, Gotha S. 9—26.

Louis, H. 1959: Beobachtungen über die Inselberge bei Hua-Hin am Golf von Siam. Erdke. Bd. 13, S. 314—319.

Louis, H. 1960, 1968 a: Allgemeine Geomorphologie. Bd. I des Lehrbuchs der Allg. Geographie, herausgeg. v. E. Obst. I. Aufl. Berlin 1960, III. Aufl. Berlin 1968.

Louis, H. 1964: Über Rumpfflächen- und Talbildung in den wechselfeuchten Tropen, besonders nach Studien in Tanganyika. Z. f. Geomorph. N. F. Bd. 8, Sonderheft 1964, S. 43—70.

Louis, H. 1967: Reliefumkehr durch Rumpfflächenbildung in Tanganyika. Geografiska Annaler, Vol. 49 A, S. 256—267 (Essays in geomorphology, dedicated to Filip Hjulström).

Louis, H. 1968 b: Über die Spülmulden und benachbarte Formbegriffe. Z. f. Geomorph. N. F. Bd. 12, S. 490—501.

Louis, H. 1969: Singular and general features of valley-deepening as resulting from tectonic or from climatic causes. Z. f. Geomorph. N. F. Bd. 13, S. 472–480.

Louis, H. 1973: Fortschritte und Fragwürdigkeiten in neueren Arbeiten zur Analyse fluvialer Landformung, besonders in den Tropen. Z. f. Geomorph. N. F. Bd. 17, S. 1–42.

Meckelein, W. 1959: Forschungen in der zentralen Sahara. Berlin.

Mensching, H. 1958: Entstehung und Erhaltung von Flächen im semiariden Klima am Beispiel Nordwest-Afrikas. Dt. Geogr. Tag. Würzburg 1957. Tag. Ber. u. wiss. Abh. S. 173–184.

Mensching, H. 1968: Bergfußflächen und das System der Flächenbildung in den ariden Subtropen und Tropen. Geol. Rundschau, Bd. 58, H. 1, S. 62–82.

Mensching, H. 1970a: Geomorphologische Beobachtungen in der Inselberglandschaft südlich des Victoria Sees. Abh. d. l. Geogr. Inst. d. Freien Univ. Berlin, Bd. 13, S. 111–124.

Mensching, H., Gießner, K., Stuckmann, G. 1970b: Sudan-Sahel-Sahara. Geomorphologische Beobachtungen auf einer Forschungsexpedition nach West- und Nordafrika 1969. Jahrb. Geogr. Ges. Hannover für 1969, 211 S.

Penck, A. 1894: Morphologie der Erdoberfläche. 2 Bde. Stuttgart

Philippson, A. 1924: Grundzüge der Allgemeinen Geographie. II Bd. 2. Hälfte, Leipzig 1924.

Rohdenburg, H. 1971: Einführung in die klimagenetische Geomorphologie. Gießen 1971.

Seuffert, O. 1974: Formungsspektrum, Formungsintensität, Formungswandel. Vortrag, Dt. Arbeitskreis f. Geomorphologie. Würzburg, April 1974.

Strahler, A. N. 1965: The Earth Sciences. Tokyo, New York, London. S. 504, stream orders.

Tuan, Yi-Fu 1959: Pediments in South-eastern Arizona. Univ. of California Publ. in Geogr. 13. 140 S.

Wilhelm, F. 1971: Das Tälerrelief der Erde. Naturwiss. Rundsch. Bd. 24, H. 4, 1971.